高瀬政明

ゼロ出発、燃える決意

起業そして成長の秘

はじめに

貴方は迷っていませんか？ 今の世で自分の「個人の力を発揮できない」ことに。そして「存在感の小さいこと」に不満がありませんか？ 諦める前にもう一度生まれ変わりましょう。

さて 起業とはそんなに難しいことなのでしょうか。また、そんなに頭脳明晰でなければできないことなのでしょうか。

私の体験から言えば「考えすぎるな」と言いたい。つまり起業の目的が「人間社会に役立つ」ということを原則として、自然の流れに溶け込めればそんなに頭脳明晰者でなくとも必ず成功すると思っています。

今年で46年間やり続けてきたこの頭脳鈍断者の私が、貧筆ではありますが『頭脳鈍断経営』に続き『ゼロ出発、燃える決意―起業そして成長の秘』を書くことにより 若い起業家が一つでも多く立ち上がり、地域社会を豊かにしてくれる… そんなことを願って、私の拙い体験談を綴らせていただきました。

なお、起業とは「自分を形にして残せる」、そんなつもりで志しましょう。

そしてこの本に書かせていただいた内容は、私のベンチャー時代、また現在も私の周りでご活躍の中小企業の皆様方の経営手法などを常に参考にしながら、私なりの「起業そして成長の秘」として書いたつもりです。

サラリーマン的考え方という言葉はよく聞きますが、本書で触れるように、ベンチャー起業的な考え方で仕事に向き合うのも、サラリーマンの新たな楽しみ方でもあると思います。何かの参考にでもなれば幸いと存じます。

ただ、この本の内容がモノづくりに傾いていることはおことわりしておきます。そしてこの本に興味を持って、起業への思いを新たにしていただければ大変光栄に存じ上げます。

著　者

もくじ

Stage 03 〝経営〟とは何か

Stage 01

〝ゼロ出発〟を考える

Chapter 01 起業の魅力とは

起業46年目の心境

朝。我が家から10メートルほど離れた南側の家には、若夫婦と二人の子どもが住んでいます。78歳を超えた私は、夜明けとともに目覚め、自然のうちにしばらく南の空を毎日眺めています。

私が起業したのは32歳のときでした。家族は妻と2人の小さな子どもたちでした。考えてみれば、家族の生活のことなど、当時、頭の中には全くありませんでした。「何とかなるさ…」、これが若輩者の私と妻の心境でした。

おそらく歳を重ねると、この「何とかなるさ…」の考え方が、だんだん無責任であるという考えに傾き、ひいては起業になかなか踏み込めなくなる。これは当たり前のことだと思います。私の起業は32歳という若いときであったことを、今密かに喜んでいます。

思い起こしてみれば、「朝に出勤し、朝に帰る」、こんな生活では家族のことまで気が全く回らないのは当然です。

「朝に出勤し、朝に帰る」と書くと、最初から仕事に恵まれていたように聞こえますが、当然たくさんの仕事があったわけではありません。どうやって仕事を探すかを考えていれば気持ちが少し楽になるので、何となく起業現場を離れられなかった。そんな心境でした。つまり、起業当初の代表的な不安要因を強く感じていた結果だったのです。

家庭のことは妻にすべて背負ってもらい、自分は好き勝手にしていたという感覚です。私のような封建的な考えを持つ世代は、男は家計に責任を持つのが当たり前、という考え方でした。だから今は貧乏していても必ず…という気持ちと若さが重なり、起業に一生懸命に集中しました。

さて隣の家や周りの家にだんだん明かりが灯《っ》いてくると、〝人類の歯車〟が回り始めたことを感じ、78歳の今があることを、何となく快く思うのです。

私が一番素直でいられる時間なのかもしれません。人間はいつも素直な状態ではいられません。特に人とのかかわり合いが始まると〝熾烈〟になる…男も女も、老いも若きも…

こんな素直な時間に、人間の生きてきた道を考えてみるのが大変面白い。

若い人たちは自分たちが生きるのに精一杯で、あくせくしている。だからこそ、忙しさに紛れて意外とスムーズな家庭生活が送れる場合も多い。

しかし、ひと歳回ると、精神的にも時間的にも余裕が出てきて、いろいろ細かい点に突き当たるようになる。特に今まで気にも掛けなかったことにも…

夫婦がぶつかり合うのもこのころからである。だから、この時期になって起業することは何かと重すぎる。やはり**起業は若い時期に挑戦するのが一番**だと確信しています。

起業の真の魅力を考える

さて「起業」という言葉をこれまで何となく使いましたが、なぜ人は起業するのか。

起業の魅力はいったい何でしょうか。社会構造的に「起業」は、人間社会の成長・発展を実現するために、絶対必要なことは言うまでもありません。しかし、自分とのつながりとは何でしょうか。

第一の魅力は、

「自分を形にして残せる」

ことでしょう。

社会へ出て最初から起業する人もいますが、普通はだいたい10年も過ぎれば、世間での自分の立ち位置が見えてきます。このころから自分の甲斐性に合う起業への憧れがだんだん強くなり、その可能性を探り始めます。

我々3人が起業したのも、ちょうどそんなころでした。今から思えば、自分たちの夢や理想を形にして残したい。結果的にはそれが現存する弊社の姿です。

ライオンパワーを設立したのは、3人の技術者の「**もっと技術を楽しんで、地域社会に貢献したい**」という気持ちがきっかけでした。その考えは今も企業成長の核になっています。「**大企業並みの高い技術を、中小企業レベルの費用で**」をモットーに、地域経済の一助を担うことを目指して起業しました。

こんな目標を設定し、自分の力を思いっきり出してみるのも、起業の大きな魅力のひとつと考えます。

第二の魅力はギリギリへの挑戦

人間が生きるためにいかに多くの事柄や多くの人たちと出会い、社会を形成しているか。そんな社会を創り出した人たちが、**新しい人々の生み出したモノやサービスにより、社会や文化が大きく変わるのを感じて初めて「時代の変遷」を実感する**のではないでしょうか。

そして、この変遷の口火を切っているのが、若者による「起業」だと思います。その若者たちが考え出したことが、人間社会を大きく牽引していると感じられれば、彼らは身の引き締まる思いを感じることでしょう。

私は１９６５（昭和40）年に機械工学科を卒業し、縁あってコンピュータの前身である電子会計機業界に就職しました。その後、半世紀にわたり、電子産業が世の中を牽引した時代を体験してきました。

初の卓上電子計算機（電卓）の登場にびっくりしたのも束の間、電子会計機、電子計算機の登場が相次ぎました。１９８０年前後には、業界のリーダーを担う米国シリコンバレー地域も苦労した不況には見舞われたものの、電子産業はやはり世の中を牽引する大きなエネルギーを持っていました。

そして、人工衛星技術の発展をもとにしたインターネットの開発は人間社会を一変させ、今やＡＩ、ＩｏＴを支え、あげくの果てにロボットが人間の代行をどこまでできるかが議論の的です。

起業とはこんな可能性への挑戦でもあり、起業できる分野はいくらでも存在しています。これは、起業すればこそ体験できることであり、**自分の持てる力のギリギリへの挑戦**です。特に大企業では、「個」が持つ力でギリギリまで挑戦できる機会は、なかなか難しいと思います。

第三の魅力、アンテナと行動範囲が広がる

若者の中には、本当の意味で燃え尽きていない人が多いと思います。私もサラリーマン時代は、同僚との大変な競争の中で暮らしてきました。しかも自分を満足させる効果をあまり感じることがないまま時を過ごしていました。

そこで、どうせやるなら…と思い、病気をきっかけに故郷での起業を決断しました。つまり起業に自分のすべてを賭けることにしたのです。まさに真剣勝負の舞台に臨むことになりました。特に、病気を理由にサラリーマンを辞めて起業したのです、あたかも命を捨てるように…しかし、その舞台は、私にとって今まで経験したことのない、刺激的な成長剤でした。

おかげさまで3年程度の治療期間後は、〝一病息災〟といわれるように、自分自身の健康への取り組みが大きく変わりました。人間は気の持ち方次第とよくいわれますが、起業をしてしまった自分の責任が、健康にまで広がることを実感しました。つまり、**自分の生き方に、そして言動に、これまで以上に責任を持つ**ようになりました。

それまでは、政治・行政、経済等には関心の薄さを感じていました。しかし起業後は最も重要な情報と位置づけ、自分のアンテナの受信範囲を広げました。

特に新技術に関しては、外国語の不得手な私が地球の果てまで行っても確認するというほどに行動範囲を広げ、人脈も広げました。まるで違う人間になったように…ひとことで言うと「太

く生きる」という実感を持ちました。

起業の意義と問題点

しかし、起業にはいろいろな問題もあります。だからこそ結論的に、若いことが起業の一つの条件と考えられます。

よく「若気の至り」という言葉を耳にします。思慮深さを欠く失敗であったとしても、若ければその経験から多くのことを学び、立て直しをはかる時間があります。

それではなぜ起業が遅れるのでしょうか。当然、開業資金も問題となります。ある程度の年齢になると、何かと資金の手当てはあるものですが、老いれば精神的にも体力的にも問題が発生する可能性を含んできます。

とにかく、**若さは資金不足すら補えるほどのエネルギーを持っています**。若い時期の起業こそが、困難や問題に打ち勝つことができる大きなパワーと情熱を引き出せるのです。

人間と社会とのかかわりは、さまざまな分野に存在しています。その中で自分の得意なものをもっと社会に役立てたいと考え、情熱を持って真剣に取り組む手段が、若い時期の起業であってほしいと思います。

また、**起業の目的は「人間社会に有意義であること」を第一**と考えます。

では、人間社会に有意義なこととは何か。また、真に社会の発展に貢献できることとは何か。私が大学時代に受けた哲学の試験問題に「校門の桜の花を哲学しなさい」という問題が出されました。学生は皆、何を解答すればよいかわかりませんでした。しかし、人として感じたことを書いた人が正解でした。ましてや、桜と人間、そして社会とのかかわりまで書ければ、もっとよかったのだと後で気づきました。

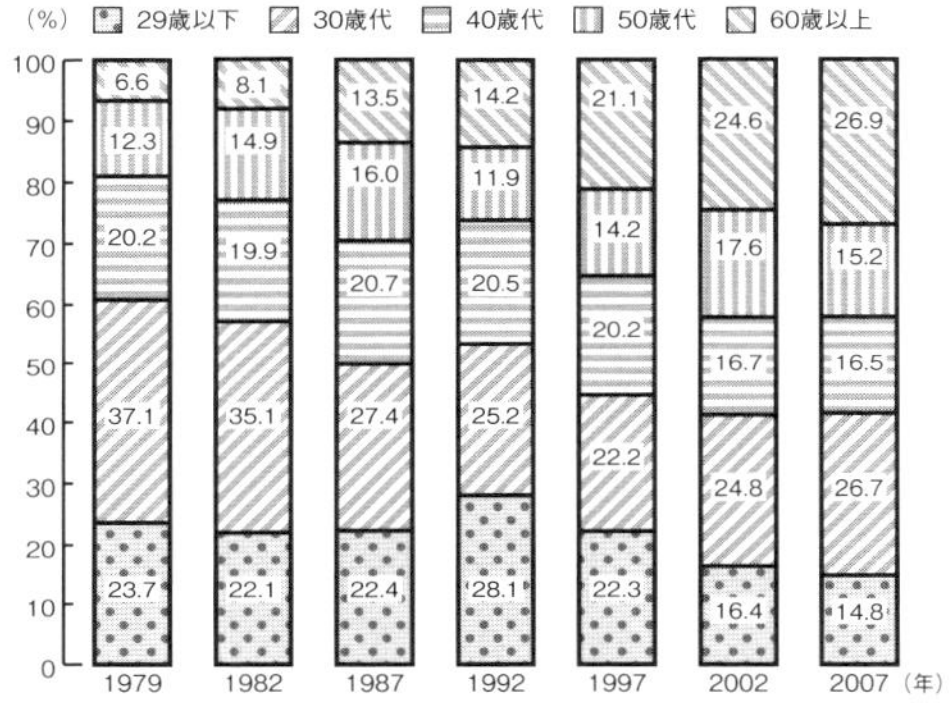

日本の起業家の年齢別構成(出典:「中小企業白書 2011」)

桜の花が人間社会に喜びや幸福感をもたらし人に愛されるのと同じように、**あなたの起業が自然に社会に溶け込めれば、桜と同じように社会が企業を大切にしてくれます。**こんな幸せは、起業家ならではの醍醐味です。

実力のない私が、32歳で起業し66歳で後進に委ね、いま78歳を過ぎました。起業してから46年目に、やっと「桜の花」の意味が少し理解できたような気がします。

思いのほか自分を育ててくれる

私の生い立ちや若いころの力量を知っている人たちは間違いなく、ただ単に幸運に恵まれただけと主張するでしょう。

企業を興し、その企業が社会に役立つ会社であれば、**企業と社会の発展とともに、社長という立場に置かれている自分自身も、成長への努力が求められます。**起業はこんな運命を与えてくれます。そしてその企業も社長も自然に育てられる。こんな流れが世の中に存在するのです。

また、世の中では個人の立ち位置をなかなか明確にはできないものですが、企業はいつしか立ち位置がはっきりします。何がよいかは別としても、例えば家内企業、中小企業、大企業等の分類もその一つです。「あの会社の社長さん」と、いつしか立ち位置をはっきりさせてくれます。

成長したいという人はたくさんいますが、どれだけ成長するのかはわからない。そんな意味でも**起業を利用して、自分の成長を測定できる**のも一つの喜びです。

昨今では、努力が苦手というか敬遠される社会風潮がありますが、起業し責任を背負うことで、そんな風潮を頭の片隅に置くことさえも忘れさせてくれます。

開業資金はどうする

急がず、気負わず、自然の流れで起業、そして継続ということになります。

起業でまず思い浮かぶのは開業資金です。お金のことは普通は銀行でということになりますが、我々の場合は銀行に行く術《すべ》すらありませんでした。頼ったのは親兄弟、親戚・知人でした。周囲の人に頼るときには、その人のそれまでの生き方が問題視されることは当たり前ですが、私たちの場合は全くの日本的な考え方でした。一回限りの借金を…ということで、**「ゼロ出発、燃える決意」を3人の親兄弟、親戚に熱弁しました。**そして約束どおりに一回だけ借り入れました。その次に金融機関への手を考えたのです。

もちろん金融機関とて、実績のないベンチャー起業者をそう簡単に受け入れてはくれません。それは今も昔も変わりありません。ただ、日本は情熱や熱意が通用する国だということが、ゼロからの出発＝起業を通じて身に沁みました。理屈も何もありません。自分の**「燃える決意」を真剣に打ち明ければ必ず道は開ける。**そうとしか表現のしようが無いことを、ある意味残念に思います。

その後は自転車操業という批判もあるかもしれませんが、儲けてから必ず支払うことを徹底しました。そのため、すべての応援者に納得していただきました。

スタートアップビジネスプランコンテストいしかわ
(主催:石川県産業創出支援機構)

起業は時機を逸するな

さて、おもしろいことに（当然ですが）人間社会は男と女に大別されます。しかもほぼ同数に。また、人間の機能を大別すると、どの人間もほぼ同じです。手の機能、足の機能、内臓の機能、頭の機能、挙げればキリがありません。

夜の風景
流行る店、それなりの店、流行らない店　いろいろ

そんな同じような人間がそれぞれの「生きる哲学」により、さまざまな生き方をするのです。オリンピックのメダリストは、幼少のころからその道を志した人が大半です。人間として同じ機能を持った人が、ある分野で非常に早くから鋭く磨きあげる… そんな意味では、頭の良い人とそれなりの人に分類されてしまう訓練もあると考えられます。

つまり、**人間は訓練次第で何とでもなる**のです。そういう意味では、起業も磨く時機を逸しない方が一番良いのです。

人間はさまざまな生き様をしています。しかし、その中で人間生活を豊かにすることが社会からより歓迎されると言っても過言ではないのです。技術者でも、芸術家でも、学者でも、医者でも、**最後は人間生活をどれだけ豊かにできるか**という〝投網〟に掛けられるのです。

商売でも、人間生活の豊かさに近ければ近いほど歓迎されているのではないでしょうか。その証拠に衣食住が一番と評されています。しかしその中でも競争の原理が成立します。同じ食堂でも、流行る店とそれなりの店ができるのはなぜでしょうか。それは、その店で中心になる人の考え方、つまり私流でいう「生き方哲学」の違いなのです。

この**「生き方哲学」が成長の結果を左右する**ということは、何となく理解できるのですが、どうすればよいのかはなかなか具体的に浮かんでこないものです。

自分の生きる哲学を起業に

簡単に言えば、その人の「生き方哲学」が他人にとって魅力的であれば事足りるのです。何か一つに通じた人、何かをやり通した人、運動でも芸術でもモノづくりでも、その道で納得するまで自分が愛情深く対処し挑戦した人、そんな人には重量感がつきます。そして、その重量感は、人に頼りがいを感じさせます。こんなことからでも「起業そして成長」の結果を図り知ることができます。

今まで何もやっていなかった人は、「起業そして成長」をやり通して重量感を身につければ、一挙両得ということになります。つまり、そんな心構えを行い、焦らず自然の流れに沿って人間社会に貢献できる分野で活躍するということが、成長・継続条件の基礎ではなかろうかと考えます。

Chapter

02 成功する起業

きっかけはサラリーマンの熾烈な競争

剣道の上段から構える、という言葉がよく引用されますが 起業も上段から構えられるほどに余裕があれば、たいていの起業が成功すると推測できます。

私たちはそんな恵まれた環境からの起業ではなく、どちらかと言うとなりゆきでの起業となりました。つまり、あわよくば…というような、危険と隣り合わせの起業でした。

貧乏商売家の三男坊として生まれた私には、幼少時の経験から親の苦労を目の当たりにしていたせいか、商売というのは決して夢を抱けるようなものではないと思っていました。

しかし大学卒業後にサラリーマンになり、同僚との激しい競争の中で自分の力量を何となく自覚しつつ、少しずつ考えを変えさせられました。私は何かあると「商売もいいな」と考えるように変わっていきました。というより、**サラリーマンとしてこんな激しい競争をするのなら、自分のために頑張ろう**という気持ちになりました。

ただ、「商売というものは決しておいしいものではない」という考えが消えたわけではなく、私の生家の商売の〝やり方〟が悪いだけで、やり方を改善できれば商売もいいな、というふうに、自分の都合のいい方にだんだん考えを変えていったのでした。

これはやはり、隣の芝生が青く見えた現象です。なぜなら具体的な分析もせず、そして改善方法も考えていない、私の独り善がりな論理だったからです。裏付けに乏しい〝逃げ〟の一手だったのです。

それでもおかげさまで、私たちの企業は今でも存在しています。運の頂点を〝つたい歩き〟をしてきただけかもしれませんが。

現在は、起業のための教育や資料が非常にたくさん出回っています。そういう意味では、起業に対するハザード（危険）もわかりやすい時代になりました。安心してアンテナを広げて取り掛かりましょう。

三つの心得と二つの勝負

起業には種々雑多な問題があります。しかし、これらの問題は、頭脳明晰者だけしかでき得ないことではないのです。むしろ頭脳明晰が幸いすることはごくまれで、ほとんどのことが**ごく普通の能力を発揮すればできることばかり**です。それよりも「忍耐」とか「やる気」とか「馬力」などの精神的・肉体的条件が絶対必要になります。

だから頭脳鈍断な私でも、46年間にわたって同じ商売を続けさせていただいているわけです。ひいてはこの事実こそが、「頭脳明晰者だけしか起業は成功しない」という意見に対する私の反論体験談であり、「ここまでならだれでもできる」のだと言いたいのです。

さて、起業するためには、次の三つが大切です。


第一は、「人間社会に役立つ」ことを主目的とすること。

第二は、「何事も切り拓く」という考えを持つこと。

第三は、「諦めるという結論はない」と決めること。


この三つのことさえ実行できれば、だれでも起業は成功するのです。

まず第一の「人間社会に役立つ」ということを考えてみましょう。

バブル時代の起業はごく簡単でした。なぜなら世の中には物欲があったからです。つまり人間社会を少しでも豊かにする品物なら、作れば作るほど売れた時代だったからです。だから起業すれば仕事が自動的に流れ込んできました。

当時は、商社はモノを売るために作り手の企業を探していました。だから難しいことを考

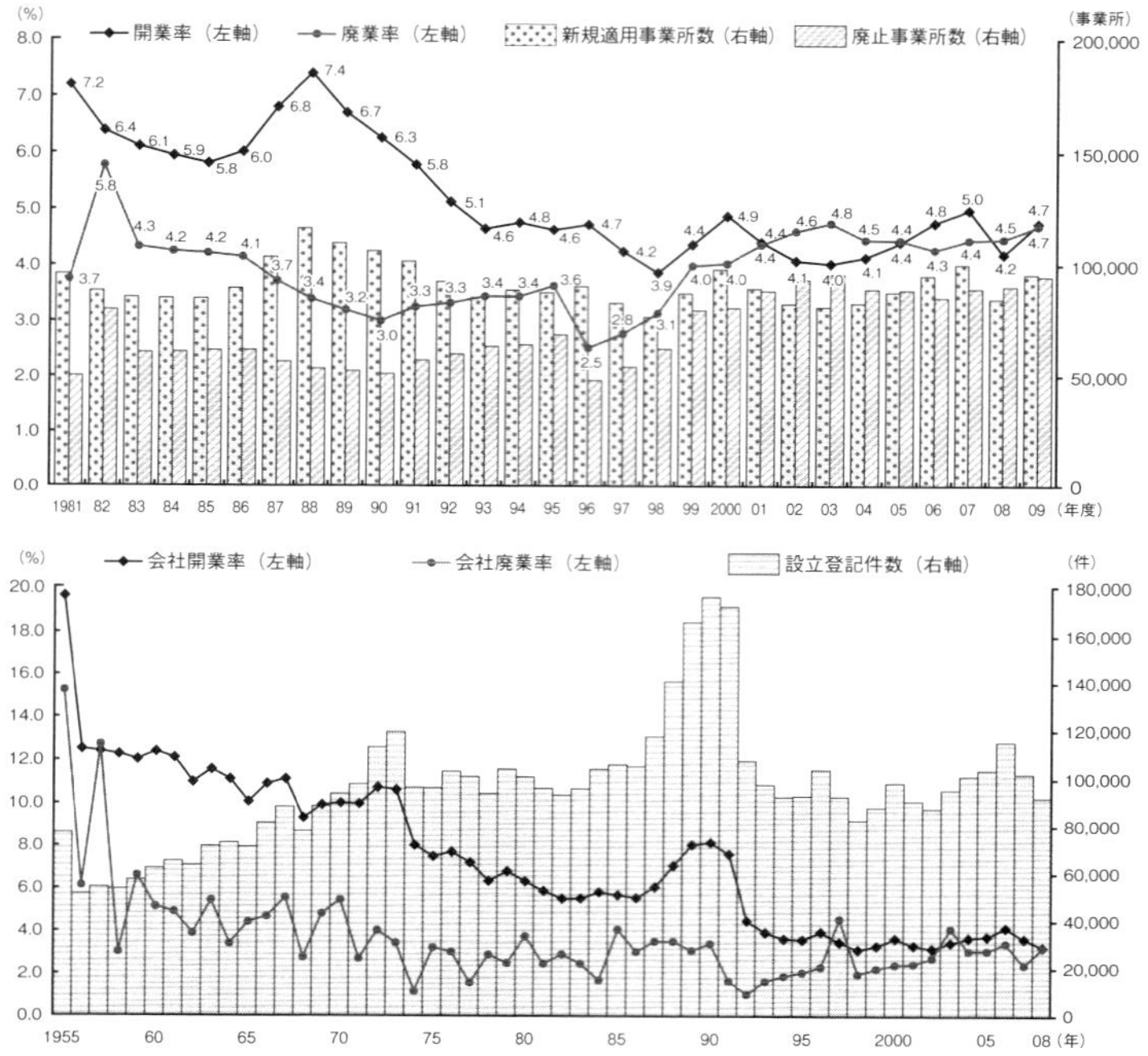

企業の開廃業率と設立登記件数の推移（出典：「中小企業白書 2011」）

えなくても起業が成り立つ時代でした。実際に企業の数もウナギのぼりに増えていました。しかしながら設立登記件数は、２００６（平成18）年から右肩下がりに転じてしまいます。

現在、社会はバブル時代から一変しています。社会を豊かにするモノはほとんどそろってしまったのです。これ以上豊かにするには、**文化を創造し育てるものでないと、量産の新製品を創り出すことはなかなかできない時代になりました。**

それ故に、既存企業が存続できる数も、人間社会の消費量が減るとともに大変厳しい競争にさらされ、優勝劣敗で整理され少なくなっています。そんな中で起業を目指すためには、次の二つの勝負を避けては通れません。

一つは、社会文化を変えるような開発競争（新しいことは優位になる）。

もう一つは、既存の企業と競い、勝ち残る競争（既存業界での競争力）。

設立当初の社屋（1973年）

現在の社屋

私たちは何もないところからの起業でした。つまり、お金がありませんでした。しかし、現実には起業すれば必ず費用が発生します。その費用は自転車操業的に、儲けてから支払うという仕組みを作る必要がありました。

まずは価格で切り込んだ

先に述べたように、設立当初の準

備金だけは親兄弟を口説いて手に入れました。それ以外は設備もない、家もない、工場もない、失うものは何もないという状態でした。

そこで既存の業界へ下請けとして入り、明日の飯を確保しながらまず価格的競争優位を狙い、その後、安定経営のために品質と品格に力を入れる、という順番でチャレンジしました。

しかし、起業後いつまでも、**低価格帯で勝負できる時代はそんなに長くは続きません**。つまり必然的にもっとよいもの、もっと社会に役立つ商品へとシフトアップしていくことが求められます。

そして、自社商品の開発に着手して今年で46年になります。つまりは、起業直後から自社開発を手がけたのです。

価格勝負→自社開発というソフトランディングで無理のないパターンこそが、自分の甲斐性に見合った、自然の流れに乗った起業であったと振り返っています。

時は進み、現在はネット情報社会です。起業へのお誘いサイトがたくさんあります。まずは一読した上で、特徴ある製品や技術で自分流の起業を考えるのが一つの方法でしょう。

〝必要は成功の父〟

次に、第二の「何事も切り拓く」という考え方ですが、これは大変重要なことです。

切り拓くというと、何もない荒野をたった一人で開拓するような、何か新しいことのように思えますが、そんなたいそうなことばかりでもないのです。

起業した我々が最初に受注した製品は、金属ボックスに塗装する必要がある製品でした。しかし、塗装屋さんに外注する手持ち資金がありません。何とか自分たちで塗装しなければならず大変苦労しました。お金が出せれば簡単に済むことですが、素人の我々には大問題でした。こんな馬鹿らしいと思えることでも、**起業家には「切り拓く」という気持ちを持っていなければクリアできません。**

しかし、この経験が後々の弊社の外注政策に大きく活かされたということは、疑う余地がありません。

妥協は連鎖する

3番目の「諦めるという結論はない」ですが、この項目には具体例がたくさんあります。

私が一番困ったことの一つは、給料支払いの件でした。お客さんからの入金を当てにして給料支払いの準備をしていたのですが、ふたを開けてみれば約束手形でした。地元の銀行では弊社の信用が無いため、大急ぎで関西の銀行に行き発行先に大変無理をお願いし、現金化していただき、ようやく夕方に給料の支払いを完了しました。考え方によっては、事情を説明し給料の支払いを翌日にする方法も無きにしも非ずでした。

しかし、私は絶対に諦めることはしませんでした。なぜなら一回でも妥協してしまえば、第二、第三の妥協を許してしまい、最後はいい加減な考え方が定着し、破たんへの道もありうると考えたからです。

当たり前のことかもしれませんが、おかげでこの46年間、一度も支払遅延の経験はありません。起業において、妥協は限りなく危険であるということを実感した一件でした。

大切なことは理屈ではありません。「難事、何事も乗り越える心構え」が必須条件です。成功するか否かの第一条件は、「心構えを持った実行力」です。

理論や方法論は、すべての起業者が持ち合わせていたはずです。残念ながら脱落した人は、何が何でも実行するという「行動力」がなかった。

世の教育機関でも、理論や方法論まではある意味簡単に教えられますが、目標達成への行動を起こさせる教育はできていません。だから、学校を卒業して現場デビューしても、実施する心構えがないから実績につながらない人が多い。その結果、上司が「なぜできないのか」と課題発見に取り組んでも結局退職…となるケースが多い。

つまり、スタートラインには立てても、理論や方法論通りにやるのもどこか中途半端で、目標を絶対クリアしてやろうという意気込みが生まれず、自分にとって楽な道ばかりを選ぶことを優先してしまう。そんな世の中になっています。

世界的にみて、日本が諸外国にどんどん追い越されている現状は、この「心構えを持った実行力」が低下しているということが原因ではないでしょうか。

目標に対する制約条件を発見し対策を繰り返す、そんな心構えが絶対必要です。制約条件の前でストップし、「できません…」と言う人がいますが、この状態を「なりゆき」と言います。何も努力も知恵も駆使しなくても、ここまでならだれでもできるのです。今はこのラインのことを「目標」と勘違いする人が多い。真の目標クリアはなりゆき結果の上にある**制約条件をなるべく多く可能条件にした者が勝ち進む**のです。

知的労働を取り入れよ

社会に役立つ企業の成長は、社会が支援してくれるという理《ことわり》があります。今の社会が必要としている具体的な業種・業態を選んだ企業は成長できる。とすれば、いったい社会は何を必要としているのか。

野草も大樹も、最初は小さな芽が出てだんだんと大きくなります。最初から大輪が約束されているものは、本書でいうような起業とは縁遠い。それではどうしたら、よい芽を見つけ出せるのでしょうか。

最近の経済先進国では労働感が変わってきています。つまり知的労働が主流となり、**肉体的生産労働の分野にもだんだんと知的労働が追加**されてきています。ＡＩ農業などはまさにその代表格です。

経済活動の原点は、さまざまな資源を人間生活に役立つように活用することだと定義すると、知的労働はその過程過程にいろいろな形で入り込んできています。言い換えれば、知的労働をだれよりも早くモノにした企業が、より優位な立場で競争できるのです。こういった世の中のトレンドを十分理解し、**自分たちが選ぶ分野・業種にも、知的労働と肉体的生産労働をどのように取り入れるか**を考えましょう。

まず起業の入り口を考えます。研究開発型の起業を志す場合は、特に熟慮する必要があります。入り口には２通りあります。一つは、「自分たちが持っている技術で、その分野で起業する」場合です。もう一つは「テーマを決めて起業したいから、そのために必要な技術をたぐり寄せる」ケースです。

私たちは後者でした。そこで問題になることがありました。起業時はお金もない、人材もいない、それどころか場所さえもありませんでした。そこで一番手っ取り早いのは、その仕事をしている企業や集団に入り込み、そこから流れてくる雰囲気を「糸口」として、必要な技術をたぐり寄せることです。結果的には私たちも、入り口を定めて「燃える心」でやれば、ここまでならできるということを確信しました。

自分の力量で起業への入り方を見つけよ

例えば、バイオの知識のない人がバイオ関連で起業したいと思うときは、バイオ業界の会社とまず取引を開始します。掃除でも運送でも、**何か自分ができる仕事で取引を開始し、〝雰囲気〟の流れ道をつくる。それが「芽を創る」こと**だと思います。

スタートアップビジネスプランコンテストの受賞者

最初から優秀な人材を採用し、研究機関で勉強してもらい、その上で起業に結びつけられれば一番よいのですが、そんな余裕のある起業は、本書で取り扱うべき必要のない恵まれた起業です。技術的には全く関係のない運送業を経路（手段）としてでも何とかバイオの本筋に入り込む。1人や2人からでも、**目指すべき起業へと結びつく「糸口」を見つけることが大切です。**

入り口はそれぞれの力量で決まってきますが、たとえその業種の知識がゼロでも起業は可能なのです。

ただし起業すれば、ある程度継続の道筋ができるまで、かなりの苦悩があります。一番考えられるのが、自分たちの責任の範囲外、手の届かないところで仕事がなくなる場合です。まあ、ないものは仕方ないので、何とかしなければなりません。

私たちの場合は、1973（昭和48）年のオイルショックで仕事がなくなりました。しかし社長としては指をくわえて見ているわけにはいきません。私たちの中では「起業乞食」と呼び、毎日毎日拾い仕事で食いつなぎました。

具体的業種へのアプローチ方法

さて、起業の芽といえば、これからの社会はロボットとのかかわり合いが大きく増えます。これは政府が発表した国家方針であり、もちろん予算措置も施されています。ロボット市場が大きく伸びることが簡単に想像されます。しかし今から慌てて参入しても、実績のあるメーカーにはなかなか太刀打ちできません。

ロボットを手掛けてきた大企業は、大量に売れる可能性を確信し、今まで以上に資金力や人材を投入して大波の如く押し寄せてくるでしょう。スタートアップ企業は、エネルギー的に負けてしまいます。参入方法をよく検討する必要があります。

まず技術を国語で理解

それにしても、ロボットがどんな使い方をされるのかがわからなくては、周辺機器の芽さえ発見することもできません。つまり**ロボットそのものより、ロボットの使われ方を勉強する、これが大事なポイントです。**この勉強は専門的ではなく、**社会の情勢を理解してさえいれば〝国語〟で技術を理解できるため、**入り口をすんなり発見できることがあります。

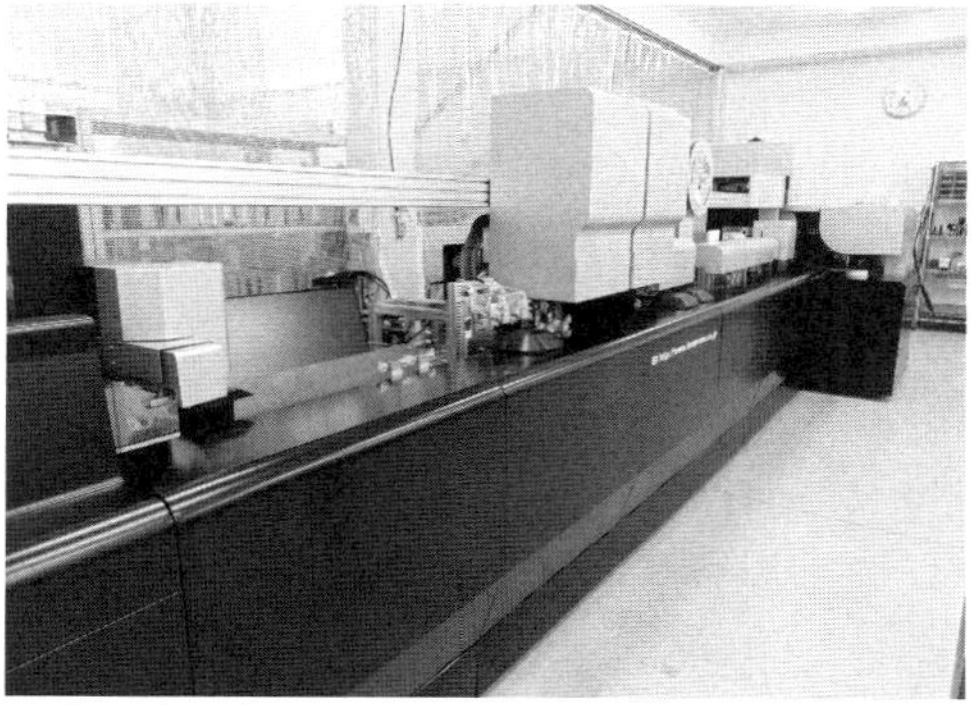

自動配線ロボット（HI3000）

国語で技術を理解するには、日常的に読み・書き・話しに使っている平易な言葉で、物事の本質・仕組み・原理を説明した資料で勉強します。そうして少しずつレベルを上げれば、すべて国語での理解が可能となります。専門家以外の人が噛み砕いて理解するには、この方法が最適です。

国語で理解した内容をもとに技術的・専門的な役所等にヘルプを依頼すれば、さらにブラッシュアップできます。中小企業にとって大変手厚い公的支援体制が整っているのが日本の良いところです。手続きが難しいからと足踏みをしているのはもったいない話です。ぜひとも一度思い切ってトライしてみると、案外道はスッと開けるものです。

ところで、社会は生き物、文化も生き物、そして、その中に存在する企業も生き物です。世の中はどんどん変わっていきます。その**変化に乗り遅れることなく変われるかどうか、これが経営者に課せられた重要な仕事**です。

ですから、国語で技術を理解する重要性をよく認識いただいた上で、次の章に進んでください。

Chapter
03 社会からの応援とは

人は立場で育つ

「立場が人を育てる」という言葉をよく聞きます。私も実感しています。

無才の私ですが、おかげさまで起業から今日まで経営に携わらせていただきました。こう言うと必ず返ってくるのが「ご謙遜を…」という言葉です。「いえ、本当に無才です」と言っても信じてもらえません。なぜなら、起業した企業がおかげさまで現在も存続しているからです。

それにしても才能があったわけではないのです。ただいろいろありましたが、**起業時に心に決めた「諦めることをしなかった」だけ**なのです。その間に社会が、企業が、立場が、耐えられる私を育ててくれたのです。

つまり、社長に特別な才能が無くても、**世の中に真に必要とされる企業であるならば、世の中がその企業の経営者や社員を育ててくれます**。おかげで社長という立場が否応なしに、ある程度まで私を育ててくれました。そして、社長の成長に限界が来たとき、企業の成長も止まります。社長の器より大きな企業というのはあり得ないのです。

我々も世の中の変化とともに進んできましたが、今日の世の中の著しい変化には少し戸惑いを感じています。

私は、自分の成長に限界を感じて、66歳で社長を後進に委ねることにしました。その背景には、事業継承には10年くらい必要と踏んでのことでした。そして私自身は、特殊機器の狭い分野で活躍を目指す、そんな起業家の道を選びました。

事業承継は10年かかる

事業承継になぜ10年も必要なのか。

世の中には「流れ」というものがあります。ゼロから起業して30年もすると、資産もかなり増えてきます。そこで自社株の相続を考えてみても、額面もしくはそれ以下ではなかなか売買できないはずです。つまり、**ただ単に積もり積もった資産でもかなり多くなり、その分だけでも大変な相続になります**。

ところが税法では、上場株価の市況と比較して非上場株の時価を決めるというルール（類似業種比準価額方式）があります。

一口で表現すると、自社の業界を代表する上場企業の平均株価変動率を、自社株の額面に掛

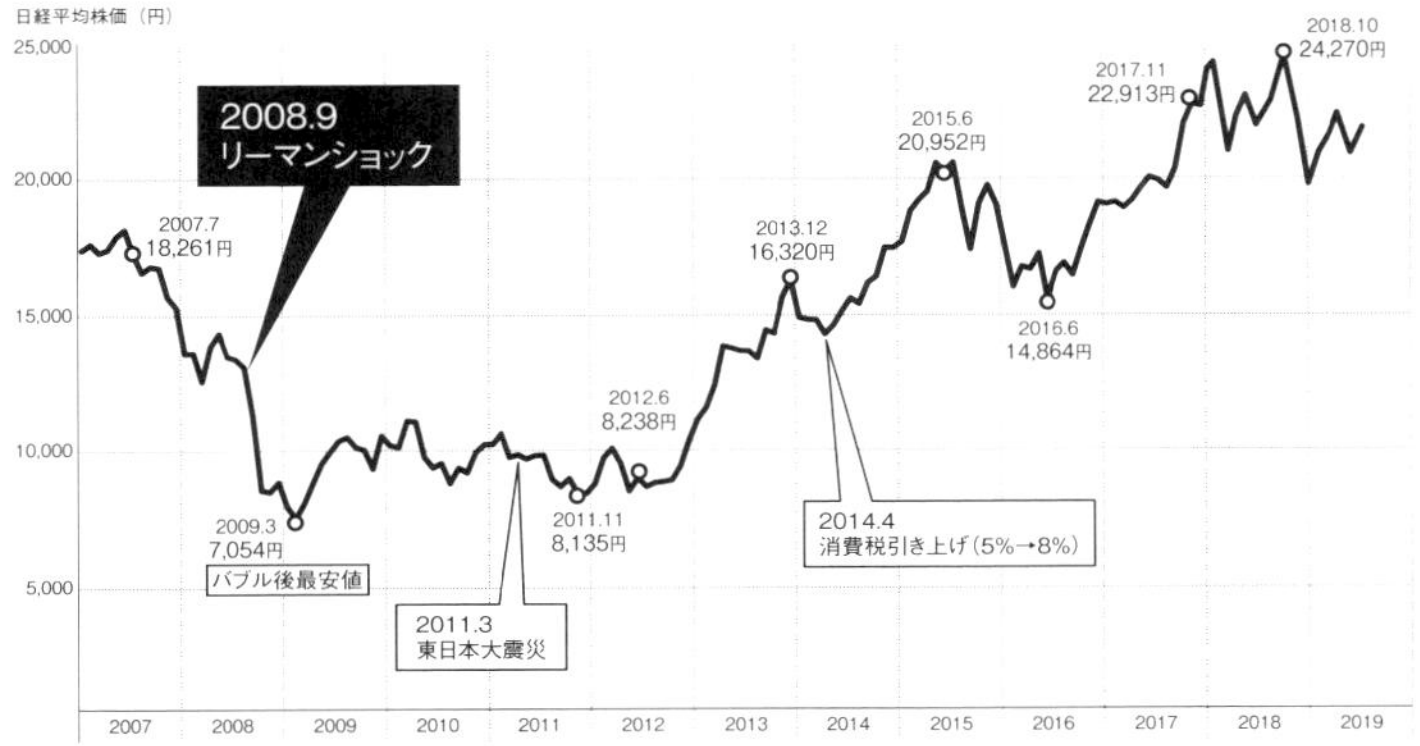

日経平均株価の推移

け算します。つまり、経済が活況のときにこの比準法を利用すると額面以上の価格がつくため、税制面ではあまりおすすめできません。逆に、不況下では100%未満の自社株価を決定できる機会もあります。詳しくは取引銀行や会計士にご相談ください。

弊社は、リーマンショックの不況時期にこの比準法を採用して、比較的スムーズに安価で自社株の継承や事業承継ができました。

リーマンショック級は別として、**厳しい経済状況が来るサイクルが10年に一度くらいとすると、スムーズな事業継承はやはり10年ほどの時間を必要とする**ということが、おわかりいただけると思います。

立場で育った例

さて、どうして立場が人を育ててくれるか。いくつかの例を示します。

我々の起業はなりゆきに近かったため、お金も人も仕事さえもありませんでした。まず仕事を探すこととなり、手っ取り早く下請けをしました。

下請けとて、仕事をいただくことは大変で、最初にいただいたのは孫請けの仕事でした。金額的には非常に安い仕事でした。

我々は、何か自動機を使って処理する仕事だからこんなに安いのだと考え、一部を自動機を借りて処理しました。しかし、この仕事は手仕事で処理するのがルールでした。自動機を使った形跡が製品に残り、元請け企業から叱られました。そして元請け企業とともに発注元に謝りにいきました。

そこで聞かれたのは、なぜ自動機を使用したのか、という理由でした。私は、**はじめから「自動機仕事の価格」だと認識したから**と説明しました。すると、価格に見合うモノづくりをする若者たちという評価につながりました。こんな事件がきっかけで、この発注元とは長いお取引きが今も続いています。

クレームに対して経営者という立場で何とかしなければ…と一生懸命に謝り、説明させていただいた機会が、思わぬ展開へと導いてくれたのです。これも社会が育ててくれた一つの事例でしょう。

次に、最もポピュラーな例を挙げましょう。

私たちは製造業を起業したのですが、3人とも技術者であったことを言い訳にして、法的にしなくてはいけないことをだれも知りませんでした。従業員を採用しようとすると、労災保険や失業保険、健康保険、厚生年金等のことを否応なしに学ぶことになりました。会社登記や決算申告なども、社会が育ててくれる一つの例でしょう。

税務署による会計監査も有名なことです。初めはケチを付けにくるとばかり考えましたが、だんだんと回数を重ねるたびに、社会に認められる企業へと育てられていることに気づきました。

私たちは製造業ですから、自社商品を持って、世間に役立つ開発をしたいという願望がありました。しかし、人材も資金もなく、諦めるばかりの日々でしたが、あるとき、国の補助金制度の存在を知りました。役所の関係者がとても親身に指導してくれました。

公的な補助金事業は書類がうるさくて…という声もありますが、それらを一つひとつクリアすることが、成長・発展に大きく寄与するのです。これも社会が育ててくれた一例と言えそうです。

新技術への挑戦が旗印

おかげさまで開発事業も軌道に乗りました。そして、こういったことを通じて、世の中が企業や経営者を育ててくれるということを学びました。

世の中のつながりで社会に育てられているのです。だからこそ、特に自分たちの製品が**絶対に社会に必要なものである、ということが最も大切なことであると肝に銘じる**ことが、何より重要なのではないのでしょうか。

もちろん時代が進んでいますので、開発しようとする分野や製品の範囲が狭められているこ とも否めない事実です。しかし、人間の知恵で開発してきたロボットや医療機器分野はもとより、各分野に**AI等の新技術等が応用され、幅広いジャンルで「起業」にチャンス**を与えてくれています。ぜひ切り拓きたいものです。

一つはっきりしていることは、社会が求めていることに、その企業が応えられる可能性の一端だけでも感じられないと、社会も見捨てざるを得ないということです。私たちの起業は、技術をもっと楽しんで世の中に活用してもらおう、という主旨でしたので、特に新しい技術に対して積極的に取り組みました。このことが、社会から育てられた所以だと思っています。

しかし、起業したばかりの会社には、人材もお金もありません。でも、新技術を取り入れたい。考え抜いた結果が「**先端技術を活用している企業の製造下請け**」をすることでした。あたかも、アメリカのシリコンバレーを学ぶ「アジアのシリコンバレー」が取った手法のように、まず電子産業全体を上流と下流に二分し、先に下流を制覇し、今では上流をも極めようとしています。

つまり、**新技術、先端技術にアクセスする〝雰囲気〟を手に入れた**のです。そこに下請けで得た資金をわずかずつですが投入し、人材を増やし、レベルを上げていったのです。

我々の自社商品の開発・成功までには、人材育成に10年、商品開発に10年、すべてカウントすると20数年の月日が経過していました。ランニング利益を少しずつしか開発に回せなかったので長い時間がかかりました。それでも諦めずに続けることができたのは、**テーマである「新技術への挑戦」が、世の中から必要とされていたから**だと信じています。

Chapter

04 社会に必要な企業力を

今よりほんの少し発展すれば良い

何度も書き連ねますが、真に人間社会に役立つ文化・文明に貢献できると、社会がその企業を大事にしてくれます。ということは、**人間社会を豊かにすることを探し求めて、行き着くところで起業するのが一番**ということです。

しかし、その企業の存在があまりにも飛び抜けすぎると、逆に社会をダメにしてしまいます。例えば、生き物が死ぬことがなくなるとこの社会はどうなるでしょうか。つまり、あまりにも現実離れした内容では、かえって社会から相手にしてもらえなくなります。

今より少しだけ成長・発展させることが、社会として最も望ましいことです。オリンピック陸上男子100メートル競走では、10秒を切るために長い年月を掛けて、それを成し遂げてきました。松下電器(現パナソニック)を興した松下幸之助が開発した二股ソケットや、〝テレビの父〟と称される高柳健次郎氏の電子式テレビは、言うまでもなく、ちょうどいい時代に世の中にピッタリの文化・文明をぶち込んだのです。それは社会が待ち望んだものであったことは、時代が証明した通りです。それにより企業が育てられたことは、十分理解できるところでしょう。

いきなり大きな発明の話を取り上げましたが、人間社会が進歩・発展を期待する文化・文明は、小さいものから大きいものまで、いろいろな分野に多数存在しています。そこで何を選択するかが、その企業の将来を左右します。そしてヒット商品をつなげるように努力を繰り返すと、企業は必ず成長していきます。

開発テーマの選定物語

企業が発展し、それなりに大きくなってしまうと、かなりの販売量が見込めない限り、次の開発に取り組むことができなくなります。なぜなら、肥大化したがために経費がかさんでおり、量産効果や質の高さで高利益に結びつける必要が出てくるからです。

起業の場合でも、最初から大企業並みの条件を必要とするパターンもありますが、そんな特例はここでは除外し、自然に起業し、だんだんと中小企業化し、あわよくば大企業になれるかも、というケースについて考えていきます。

結論から言うと、**中小企業の開発テーマの間口は、大企業に比してかなり広い**ものです。私は、ボリュームのあまり大きくないテーマとして「制御盤の自動配線」を選択しました。

次に、別のテーマがそれなりに育ったときには、別会社にしてグループ化する方がベターだと考えます。成熟した現代社会では大量消費社会はなかなか再来しないからです。量産が考えられる開発品は、非常に間口が狭いという難しさがあります。皮肉にも、日本を先進国に引き上げてきた企業は大きく成長し、世界的企業になりましたが、今は新しい大量消費財の開発ができず、経営の舵取りに大変苦労しています。

我々の生活の中には、**大企業が手を出せないニッチな部分で、もっと人間生活を豊かにできるテーマが数多く存在**しています。しかし、毎日の生活を〝こんなものか〟と納得していれば何も生まれません。というより納得できない部分を、自分の中で創り出すと言った方が、起業家の正しい考え方だと思います。こんな気持ちの持ち方を続けられれば、ものの見方がだんだんと変わっていきます。

大事なのは「やり通すこと」

そして、その中で自分と相性の合うものに、とことん突っ込んでみる。これが起業に結びつくのでないでしょうか。少し考えてみましょう。

開発テーマが定まったとしても、問題は内容です。極端な言い方をすると、もし単なる模造品を選んだとしたら、生産力でだれよりも早く、安く、そして良い品質を作れる、そんなモノサシで勝負するのですが、独特の技術を含む開発となると、ヒト・モノ・カネが絡んできます。

もし、経営者の中で既に独自技術を持っているなら問題はありません。**一番問題なのは、独自技術を一から研究・開発しなければ、価値が見いだせない場合**です。

中小企業は、この壁をなかなか突破できないといわれます。できない理由の一つに、技術者がいないということを挙げるのです。優秀人材が採用できないし、育てることもできない、だから研究・開発が成立しませんと言うのです。

弊社にしても最初はそう言いたかったのはやまやまです。しかしそれ以上に、自社商品の開発が絶対必要、という思いが第一にありました。

経営者としては、当然第一番に研究・開発を成就させることに解決の糸口を見つけようとしました。まずは自分たちの時間を何とか節約し、研究・開発をしよう、と。しかし経営者はいろいろなことをしなければその日が終わらないということがあり、どうしても研究・開発が遅れます。

結論的には、専任者を1人採用するということになりました。しかし、普通に仕事ができる人だと忙しい時期に紛れ、研究・開発より実績が即見える、日々の仕事に使われてしまう。

そこで人工透析を必要としていた、**ハンディキャップのある技術系の学生を採用**しました。1日5時間の透析時間はだれも来ないし電話もない。彼もひたすら考える時間に費やせたはずです。しかし、大学を卒業したての折から研究・開発をしろといわれても土台無理です。しかも、ろくろく指導もしていないことを知りつつ……

結局、彼は自分の勉強と研究・開発でほぼ7～8年を費やした後、ようやく可能性を見せてくれました。今は、後輩がテーマを引き継ぎ、我々に夢を持たせてくれています。

重要なことは、**時間を掛ければ結果は遅くなるが、費用は一度に多く発生しない、体力のない中小企業にとっては仕方のない選択**でした。しかし、少しずつでも進めたことで結果的には何とか自社開発にこぎ着けました。

この選択は間違いではなかったと今も考えています。こんな方法でもやり通すことができます。肝心なのは、それくらい長い時間を掛けても薄れない、価値あるテーマを選ぶことです。

社会に役立つ企業は社会資本化する

大企業化すれば、マーケットがそれなりのボリュームがないと採算性が問題となるので、研究・開発としては間口が大変小さくなります。

そこで私は、今の時期はあまり大企業化することはマーケットの性質から不相応と判断し、ニッチな分野のテーマを選択しています。そしてテーマごとに分社化することが現代社会に適していると信じています。

とにかく社会に役立つ企業であれば、その企業の全能力が見えなくても、社会の中に組み込まれた社会能力として、世の中に活用されていることを忘れてはいけません。つまり、これが欲しいときは「〇〇会社」へ行けばある、というふうに。また、そんな社会の要望に、質的にも機能的にも応え続けることが、「そして継続・成長の秘」の本筋ではないでしょうか。

折しも「働き方改革」が叫ばれている時代。実際、なかなかわかりにくく、言葉通りに理解したとしても、社会目標を達成することは至難の業でしょう。私は、今の「働き方改革」とは、文化・文明を変えたときにこそ、結果が出ると考えています。

つまり人間の能力を単体で伸ばそうとしても、そう簡単には達成できません。科学や物理現象などを巧みに活用して人間力を上げる以外に、「働き方改革」の達成はあり得ないはずです。その意味でも、やはり今こそベンチャービジネスを起業する時代ではないでしょうか。

〝継続〟の秘

Stage 02

Chapter

05

分野・業種の選択法

限度を超える無理は最小に

我々は設立当初の仕事探しに各地各企業を訪問し、下請け仕事を探しました。しかし、時はオイルショック、時期が時期だけに、ただの一つもありませんでした。

こんなときにも起業の志（初心）を忘れずに仕事を探すことも大切ですが、それには限度があります。藁《わら》をもつかむ思いで、「ドブ掃除からコンピュータまで何でもします」と言って営業に回りました。回り道と思える仕事をいくつかやりましたが、決して自分たちの真道を忘れず、時機を見て元に戻しました。

こんなときは仕方がない、無理をしても限度があることは確かです。さっさと逃げて次のチャンスを待つ勇気も必要です。

そのために一番大切なことは、自分たちの初心です。だから**志にはしっかりとした裏付けを持ち、自分たちが簡単に諦めない目標であるべき**です。そして一時、回避の道をたどっても、絶対にまた元に戻ることを、片時も忘れてはならないと思います。

大企業との衝突を避ける

これは我々の切実な問題でした。大企業は経費が高いがゆえに細かい仕事はボリュームメリットがなく採算が取りにくい。だから、あまり侵攻してこない分野を選びました。

そこで我々は、ロボットを活用する環境に必要な準備機器や、ロボット活用を補助するような機器分野が絶対必要になると考えました。これらの機器は顧客に合わせて造るため、種々雑多な仕様です。つまり同じものを大量に造るということにはなりません。

いわばロボット活用のスキマ産業です。こんなことからでも、大企業との衝突を回避してはいかがでしょうか。

商品寿命サイクルの組み合わせで安定経営

衰退する企業にもいろいろあります。「あの企業は一時は非常に良い会社でした。しかし今は静かなものです」という話をよく聞きます。残念ながら**商品には〝商品寿命〟があります。**長くても10年から15年、短ければ2～3年持たないものもあります。時には〝線香花火〟に例えられる商品も少なくありません。

一つの商品が商品寿命に到達する前に、次の商品がデビューできるよう開発を進めておくことは、経営者にとって大変重要な仕事です。この準備が次々と続けられることが、企業永続の大切な条件です。

起業して10年後に、企業が元気に存在する確率は5％程度といわれています。大半の消滅原因は、商品寿命サイクルの継続で失敗するのがほとんどです。現に、私の知人でも15年サイクルの失敗で、一生に二度まで倒産した人がいます。

しかも、二度とも全盛期は飛ぶ鳥を落とす勢いでした。あのときに次の商品開発に成功していれば、今は間違いなく優秀な大企業になっていたことでしょう。

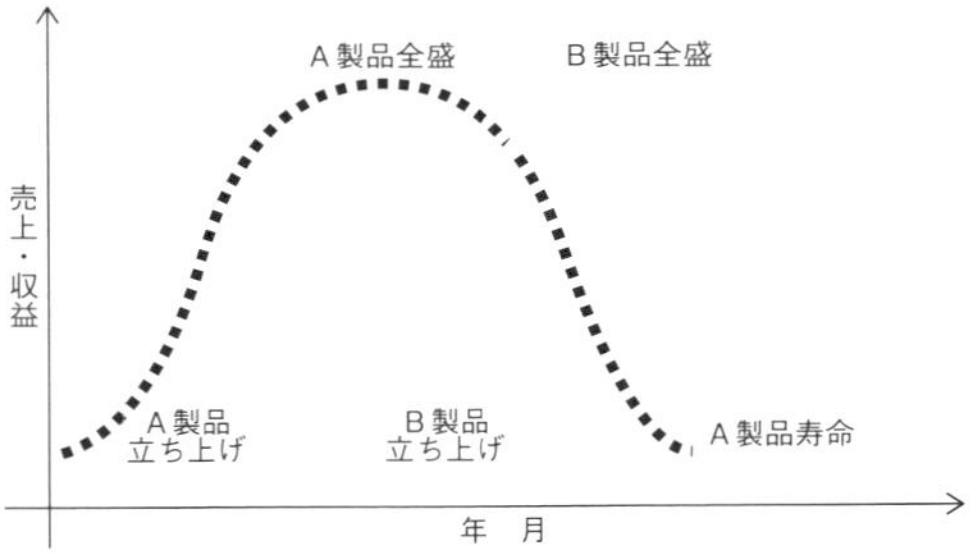

製品寿命サイクル

商品寿命サイクルにおけるA製品の全盛期に、次を担うB製品を立ち上げ、A製品の売れ行きが落ちると同時に、B製品が全盛期に向かう、こんなコントロールが必要なのです。

業種・製品の具体的な方向性を見つける

ところで、実際問題として具体的にどんな業種・分野、どんな製品を狙ったらいいのか、見極めることはなかなか難しい。そこで私がどのように考えているかをご紹介しましょう。

まずは時代背景を考えます。

国内に目を向けると、今後、日本の人口は徐々に減少することは明白です。労働人口も減少していけば、当然消費も少なくなっていきます。だから生産量も減らさなくてはなりません。

しかし、大企業をはじめとする世界の生産舞台は、決して縮まろうとしない。

何としても自分が生き残り、そして世界の消費の大半を自分が造ればよい、と考える企業も少なくないはずです。そのためには、まず目先の競争に勝たなければならない。よって自動化で原価を下げる必要があります。

そこで、ここ数年は、ＡＩやＩｏＴ絡みの自動化機器が、折しも「働き方改革」とあいまって、最もてはやされるのではないかと考えています。ですので、弊社の開発もこの方に向けています。その結果、ロボット分野は我が社でも良い業績で推移しています。

このようなものの考え方で、自分たちの業種や分野・製品に「燃える決意」を持って特化すれば、必ず起業に成功し、継続が可能となります。

「燃える決意」がなぜ必要なのか

では、大げさに聞こえる「燃える決意」がなぜ必要なのか。

私たちは、最初の3年ほどは〝起業乞食〟でした。実績も歴史もない企業に、最初から〝指定席〟があろうはずがありません。起業後5～6年ぐらい経って、何となく地に足がついた感じがしました。ようやく何とかなりそうだと、手応えが感じられるまでには10年が必要でした。

その間、苦しいとは一度も思いませんでした。と言うより、前に進むことに一生懸命だったので、そんなことを考える余裕すらなかった、と言った方が正しいかもしれません。

一番苦労したことは、やはり良い顧客を持つことでした。

別章でも紹介していますが、「良い製品、良い顧客が、良い企業を育てる」という流れに乗るためにも、選択する分野・業種は経営の土台となります。だから、自分の「得意分野で情熱を注げられる」分野を選択することが必須になります。そして、情熱を注ぎ続けるためには、「燃える決意」がなければ不可能です。

起業して、なおかつ経営を継続させるためには、まず「志」が絶対重要です。その志をやり通すためには、しっかりした精神力を持ち合わせないと、「計画は立派ですが、実行が伴っていないですね…」という状態になり、継続が危うくなります。

そんな意味を理解していただきたくて「燃える決意」という言葉を使ったことをご理解いただければと思います。

私たちの、起業当初の営業は、自分たちの技術を活用してくれる顧客を探すことでした、今のように「働き方改革」を自動化でやりましょうというような雰囲気もありませんでした。自動化は高価で、大企業でしか設備投資はできませんでした。

しかし、世の中には大企業が生産する大量生産品が行きわたり、自動化の波が中小企業の中少量品にまで及び、「楽に、早く、安く」造る時代に突入したのです。つまり、我々の基本方針である〝大企業並みの技術を中小企業の経費の安さで〟地元企業に貢献しようという時代が到来したと感じました。

こんな時代の流れに溶け込もうとすると、やはり「燃える決意」でその文化の先頭に立つ心積もりがなければ、なかなか続くものではありません。

役所の知恵を活用する

しかし、分野などもっと大きなところを決めかねる場合があります。

弊社もここ10年ほどは、本当に的の絞りにくい経営が続きました。それくらい見通しのつきにくい時期が続きました。こんなときにはどうして将来を探ったか。

日本の役所は、世界に通用する企業の育成に努力しています。私たち中小企業がプアーな情報だけで長期方針を決定しても、「絵に描いた餅」に陥りやすい。特に、今日の経済状況では先を見通すことは難しいと自覚しています。

それ故に、**私たちが進みたい分野・業種・機種で、あらかじめ役所に開発補助金等の申請をし、将来性を評価する指針とさせていただいています。**これが、我々の決めた方針を大きく後押ししてくれる場合もあります。最近では公的なベンチャー発掘イベントがたくさんありますので、チャレンジしてみるのも一つの方法です。

中小企業としては、優秀な日本の役所の力を借りることに躊躇《ちゅうちょ》する必要はないと考えます。

また、新しい世界的視野からヒントを得ることも考えられます。ヨーロッパの大学では、ジェロントロジー（老年学）という専攻がかなりの人気になっていると聞きます。しかし、日本では未だ少し色合いの違いを感じます。こんなところの違いを追求することも、やり甲斐になるのではないでしょうか。

我々は、このように中小企業が参入するにふさわしい分野・業種で、活躍できることを夢見て、日夜努力しています。

Chapter

06 なぜ失敗するのか？ 避ける手段

起業後の「成功と失敗」

さて起業にもいろいろあります。2、3の例を拾ってみましょう。

例えば、夜の歓楽街で、世の殿方への癒しをビジネスとしている経営者のことを考えてみましょう。さまざまな経営哲学を持った人たちが、いろいろなタイプのお店を経営しています。一番早く破たんする店は、何の特徴もない店です。

それでは、きれいなお姉さん方が多い店がいつまでも繁盛するかというと、それは定かではありません。人間の本能として、いつもきれいで輝いていたい、特に女性はその願望が強いでしょう。また、きれいに輝いていても何の違和感もありません。しかし、人間の本来の〝きれいさ〟とはいったい何でしょうか。

二十歳を過ぎた大人の顔とは、自分の「心のノミで掘った顔」です。その人の心を、言葉なしでも写し出してしまうのです。いくらきれいに着飾っても、心から写し出されるものは装飾できません。だから流行る飲み屋さんと、それなりの飲み屋さんができても不思議はないのです。また、外見ではそれなりの人しかいない飲み屋さんでも、現実に流行っている店も存在します。それにはもちろん〝それなり〟の理由があるからです。

それなりの理由とは、ほとんどその経営者の心の中に存在することだと思います。私を含めた世の男性は厄介な生き物です。きれいな女性に興味があるくせに、「私はきれいでしょう」と自己主張している女性を見ると、へそを曲げてしまいます。そんなタイプの女性は、客商売をしていても、なかなか近付きがたいものを感じることもあります。

きれいでありたいという願望を表現しているうちは、素直な人間の欲求であると推測できます。しかし、何が何でもきれいでいなければ絶対ダメとなると、素直どころか嘘でも良いから…となり、その欲望が度を越すと、厚化粧や整形手術を使ってでもとなります。

人間はあらゆる部分・分野で、こんな人との出会いを持ちます。そして時々、嘘つきの人間になる。しかし、自分が嘘をついて「きれいでしょう」と飾っても、それを見抜く人には何の効果もない。嘘をつく少し前の化粧具合い、つまり見る人に不快感を与えない自然な化粧をうまくできる人が、理論的には自分の美しさを心身ともに最高に感じさせる人のように私は思います。

起業時に良く見せるために嘘でもいいからと、「心と行動を分離する」のは良くありません。

美しい人格を大切にし、社格を育てていきたいものです。

妥協を選ばず正しい努力を

もう一つ例を挙げます。

我々が軌道に乗り始めたところ、イヤと断れそうにない友達・知人から「お金を貸してくれ」と言われました。調べてみるとほとんど助からない企業でした。

私には、自分の企業を守る必要がありました。そこで二人に言いました。「貴殿の企業に金を出すということは、『お金を差し上げる』ということ以外に考えられない」と。今の私にはとてもできることではないと伝えました。彼らは「約束通りに必ず返す」の一点張り。ここで、私は非常に冷酷な判断を迫られました。

本当に彼らにできるのか…そして自分の信念を曲げることはしませんでした。

つまり自分流の生きる哲学で、「自分が楽になる妥協は破たんに通ずる」と言っても過言ではないと今も信じています。

「自分が楽になる妥協」と「自分の生きる哲学」を絶対一緒にしてはならないと考えています。人間はできるだけ平穏で問題なく過ごすことを望んでいます。しかし人間社会はいろいろな出来事が発生し、私たちを苦しめるのが世の常です。

その苦しいときにどんな努力をするかが大問題です。例えば、未収金をたくさん抱えていながら、資金が不足しているから銀行から借り入れてその場をしのぐ、という場合を考えてみましょう。未収金は必ず集金する必要があります。そのことを考えると、借り入れする努力より集金する努力の方が「正しい努力」です。

しかし、まず借り入れに走ってしまう人には理由があります。忙しくて時間がない、銀行はこんなときに使うものだ、などと不適切な理由を並べたて、「不適切な努力」をして仕事をしたつもりになっている。これは真の「正しい努力」ではありません。

起業でも「正しい努力」ができることが、成功条件の一つと考えておきましょう。

人材確保での問題点

スタートアップ時は、自分を含めてせいぜい気の知れた数人で…というのが普通です。我々の場合も、気心の知れた3人がスタート時の幹部でした。おかげさまで当初から生産舞台も必要でしたので、7〜8人の女子社員を採用させていただきました。

1973（昭和48）年は、大変景気のいい時代の最後の時期に当たっていました。だから全くの「売り手市場」であったことはご承知の通りです。

我々はたかが7〜8人でしたが、募集には大変苦労しました。ありがたいことに良い人材が集まり、何の問題もなく船出ができました。

しかし、当初の人材に対する問題の芽というのは、常に大きなリスクを伴っているということに、最近気づかされています。

採用するなら良い人材が欲しいのは常です。しかし、いかにして良い人材を選ぶのか。「買い手市場」のときなら入社試験などの打ち手はあると思います。しかし売り手市場のときには、なかなか打つ手はない。つまり欲しい人数に対して満足な数がそろわない。

入社試験をしても、とんでもない悪い人材が紛れ込まないようにする程度です。ましてや途中入社試験となると、現実に不足しているときに目の前の人を募集するのですから、採用側は少し問題を感じていても、たいていのことに妥協してしまう。なぜなら、もしこの人を採用しなければ、明日の仕事ができないからです。

多少問題がある人材でも、採用時の企業レベルからすれば、当時はあまり目立たないことだったかもしれません。しかし、元気良く世の流れに乗れたスタートアップ企業の成長速度は、大変速いのです。多少問題があることを承知で採用した人材は、そんな速度に付いてこられない。また、努力もできないのです。5年、10年の月日が進むと若さもなくなり、結果的には「そんなに成長しなくても…」という言葉が表に出て、企業成長の大きなブレーキになり、強いては労働問題にまで発展してしまうケースもあります。

結論を言うと、**いくらスタートアップとはいえ、人材募集は買い手市場の時機を待ち、選択できる環境の中で採用することが大切**です。

どのようにして実現するか。スタートアップの勢いを利用します。

スタートアップは受注増のチャンス時です。「受注があるから採用する」のではなく「採用したから受注を増やそう」という、計画採用が一番問題が少ない方法です。

企業側の採用には、定期採用（計画採用）と適時採用があります。計画採用は、新卒者を企業成長路線に沿って計画的に行います。そのため要求する人材レベルも、学校側とある程度すり合わせることができますので、さまざまな事情をはっきりさせることができます。

一方、人員不足が発生したときの適時採用は、「人集め」という感じが強い。数を充足させることに終始し、レベル的には妥協してしまうというのが一般的ではないでしょうか。

難しいことかも知れませんが、**一部の採用枠だけでも計画採用を実施し、毎年毎年少しずつ採用人材のレベルを上げていく**ことが、成長路線に乗るために絶対必要な人事対策です。

配線ロボットの開発は小ユニットから手がけた

小さなことでも今までやってきたことを変えることは、そう簡単ではありません。ましてや文化を変えるとなると相当大変です。

文化を変えることにいきなり挑むとなれば、ハードルが高過ぎて尻込みしてしまい、挑戦すらできないと思ってしまいます。同時にリスクも高すぎます。ですから段階を踏んで少しずつ進めていくのです。

大局観を持ちながら、まずは小さなできることから始めて、企業の成長とともに大きな文化の中に入っていく。つまり**「大局観で小局着手」できれば、最も自然な、スムーズな成長につながる**のです。

弊社の場合は制御盤の自動配線に挑戦しました。当時、自動配線は夢のまた夢でした。だれも自動配線ができるとは考えていませんでした。せいぜい単能機の端子打ち機が存在しただけで、その他多くの解決すべき技術的項目がありました。その小さい項目を一つひとつ解決することが先決でした。

制御盤の製作では、同じ製品をいくつも製作するという量産品はほとんどなく、大半が単発生産に等しいものです。言い換えれば「一品料理」です。しかし、製造工程の中で電線の両端を加工することは、一面あたり平均で８００本の線が存在します。この線加工だけをまとめて自動化すれば、「一品料理」のなかの量産加工部分ととらえることができます。この考え方が、**「一品料理」をできるだけ分解し量産化する近道**と考え、まず電線加工をコンピュータに手伝ってもらい自動化することにしました。

そして、その一つひとつを単能機として製品化し、最終的にシステム化して将来の夢へと継続させていきました。効果として、その単機能品の実績から改善の余地などを知り、次の品質・

品格のステップアップにもつなげていきました。

このようにしてすべての小さい項目をクリアし、システム化できたときに本格的製品として展示会等に出品し市場の評価を仰ぎました。

すなわち、小さいことから積み上げていき、今では〝制御盤配線の文化を変えた〟と評価される製品を世に送り出すことができるようになりました。

単能機

社会に認められる「三つの技術」

社会とはそんなにも甘いものではなく、起業後ある程度実績が出てこないと、社会になかなか認めてもらえないという大きな問題があります。

そして**製造業では、絶対欠かせない三つの条件、「信頼される開発技術」「信頼される製造技術」「信頼される管理技術」**が、起業直後からバランス良くそろっている企業は数少ないと思います。

私の拙い経験で言いますと、この「三つの技術」をバランス良く育みつつ、ある程度社会に認められた後、それを土台にして全体開発に取り組む。こんな方法で無理なく、比較的うまく社会文化に直結する新商品を地道に開発することができました。その後も少しずつレベルを上げて世に送り出せたことが、成功と言える商品化につながったと思っています。

さて、起業成長の基礎となる「三つの技術」の効果について考えてみます。

起業後に文化の一角に食い込もうとすると、世の中の自然の抵抗とも言える「新しいものを認めない」という壁の存在に直面します。

しかし無理なく、焦らず、自然の流れの中に溶け込む起業を目指し、「三つの技術」をバランスよく身につけた過程で生まれた商品には、ある程度長い商品ライフサイクルが期待できま

1O/FEV/99

経営基本方針の確認

Lion PowerCo.,Ltd.
M.Takase

経営とは目標を決め、戦略を立て、戦術を行使し、その結果で企業と社員が繁栄する。

目標とは何か

会社の目標 は 社是 である
当社は真に社会に必要とされる技術に生き社員と共に繁栄するものである。

解釈
繁栄をし続けるには、進歩発展と安定経営が条件である、又社会に役立つには、どんな製品を、どんな顧客に、提供出来るかである。

具体的目標設定
当社の現状レベルから、習う為の下請け業と、守る為の自社製品製造販売業が必要充分条件である。

戦略とはなにか

戦略 とは 経営理念 である
信頼される開発技術、信頼される製造技術、信頼される管理技術、です。

解釈
ニーズに的確な製品を創造し、最新の技術と設備で、生産システムを合理化し適切な原価と価格、品質を守れる製品を作れる技術である。

具体的戦略設定
開発技術　同業 同レベルの他社を差別化出来る技術分野 レベルの確立。
製造技術　当社向き市場に見合う 最新設備と利用技術を準備し 常に活性化していく。
管理技術　好人格 高レベル社員による質実主義(立前ではない)の管理をし続ける。

三つの技術　経営理念

す。そのことが次の商品開発サイクルのリズムにも良い影響を与えてくれます。

またそれ以上に、自然の流れで世に溶け込んだ商品は、世の中での位置づけもそう低くはならないはずです。「社会に役立つ企業と商品」として、社会も育ててくれるはずです。

この繰り返しが、企業そして商品の成長を大きく助けてくれます。ひいてはある程度のレベルの企業に育ててくれるはずです。

社長の引っ張る力が成長を決める

私の学生時代の友人や、私の人間力をよく知っている人が、何度か質問をしてきました。「どうしてお前の企業が成長できたのか?」

つまり、私の〝鈍断度〟を知っている人はそんな疑問を持つわけですが、彼らは一様にして考え違いをしています。

世の中では単純に「社長の人間力の大きさが企業の大きさを決める」といわれますが、社長の力だけでは何もできないこともまた事実です。

起業において、社長の人間力とは、鉄道でいう〝レール〟のようなものです。どの車両をどのように走らせるかは、とても社長だけではできません。これはよく理解いただけることでしょう。つまり、多くの人の協力があって初めて事業が成立します。

そして、最も大切な経営的観点は、「人間社会に役立つ文化をどのように創っていくか」ということです。「ハード」と「ソフト」、これが最も大切な基礎項目であり、このバランスの取れた文化を引っ張っていくことが社長の大きな仕事です。

「社長の人間力が企業の成長に比例する」といわれますが、正しくは「**社長が〝文化を引っ張る力の大きさ〟が企業の成長に比例する**」のです。

真のギブ&テイクで企業の魅力を

ギブ&テイクは度々使われる言葉ですが、起業時にも一番心がける必要がある大切な事柄だと確信しています。

スタートアップ時、他人からもらうテイクばかりでは最初からおかしい。はじめはギブから始まるのが自然だと思います。とは言うものの、ギブできるものがない…、そう考えがちですが、**自分の得意分野で顧客に役立つものがあれば、ギブ&テイクが成立します。**

それが自分が売ろうとしているものであれば、即商売の道が開けます。自分の得意なものを必要としている顧客を見つけることこそが、営業の第一歩と考えます。そして、真のギブ&テイクが、スタートアップの大きな武器だということを認識すべきです。

私たち創業者3人も、技術だけは大切にしようと決意し、「大企業レベルの技術を、経費の安い中小企業として顧客に提供する」ことを念頭に計画を立てました。

しかし技術とは生き物です。すぐに陳腐化し新技術に取って代わられます。スタートアップでは、その変わり身の速さについていく仕組みを考える必要がありました。

その答えは、先端技術企業の下請けで新技術の〝雰囲気〟を勉強し、自社向きに消化するということでした。つまり弊社の場合は、設立3年目から仕事をいただけるお客様を、**「技術を勉強させていただく顧客」「経営を教えていただく顧客」「モノづくりを教えていただく顧客」**の三つに分けて取引をお願いしました。

そのまとめが「三つの技術」へとつながります。「信頼される開発技術」「信頼される製造技術」「信頼される管理技術」です。

立場が人を育てる

よくこんな話を耳にします。「従業員の出来が悪く育たない。だから会社も儲からないし成長もできない」。従業員が育つにはどんな条件が必要でしょうか。頭が良く、やる気がある人に教育を実施することなどはすぐにでも頭に浮かびますが、それだけで人は育つのでしょうか。

人が育つ条件の中で最も影響力があると思える一つに、「立場が人を育てる」ということがあります。

社長は会社を興し、その会社が大きくなるにつれて否応なしに、責任ある立場からもっとハイレベルな対応を求められます。

つまり知らず知らずのうちに立場で育てられています。従業員にしても全く同じです。あの会社、あの商品を扱っている会社の社員という立場から、**社会的に評価され、結果的には従業員を育ててくれることが最も影響が大きい**のではないでしょうか。こんな起業や製品開発を心がけたいものです。

さて、そんな日々の中で、どうしても育たない人は、退社するとか直接その商品や顧客に接しない仕事に変わっていきます。つまり付いていけなくなるのが自然現象で、いつの間にかその評価から離れていきます。

一方、社会に認められている商品に携わっている社員は、より高度な顧客の要望に応えるため、日々の活動が自然と勉強になり、もっともっと成長していきます。そんな人間なら企業も安心して顧客の前に出せますし、最終的にも立派な社会人に育っていきます。それは頭が特別良くなくても、特別な教育を受けてなくても、**成長の舞台を日々の立場から与えられて育てられています**。

「起業そして成長」する企業は、そんな環境を社員に、そして社長自身に与え続けなければなりません。商品やサービスによって世の中に認められる企業こそが、「そして成長」を達成できるのではないでしょうか。

責任ある社長方針

そんな会社のレールを敷くのが社長です。社長が分野や商品を選択することには、とても大きな意味があります。それに比べると、技術的な背景や製造に関する指示・指導などは、はっきりした項目ですから、だれかを代理に立てることも許されます。

打ち上げ花火のように、商品を次から次へと開発できる能力の持ち主なら、話は別だと思いますが、私のように**「頭脳鈍晰」では、商品のライフサイクルは長ければ長いほど有利**です。私の経験では、一つの商品を開発して社会文化に溶け込ませるまでに、10年の月日を要しました。そしてそれを育てる間に、次の商品を立ち上げることが肝要でした。

どうせ社会文化に参加するのですから、自分で可能な限り最高レベルの商品で参加したいものです。

分野をうまく重ねる

さて、次の商品開発ですが、**同じジャンルのものは同じ開発グループの人たちが商品領域を育てる中で処理し、できることなら別グループが別分野のものを開発すべき**です。

つまり起業後は、ある程度の商品の幅が必要です。一つの分野がダメでも、他分野の商品が頑張ってくれる。世の中は残念ながら曲がりくねって不均衡に進みますので、どんなときでも商品のどれかが活躍してくれるように対策を講じることも必要です。

分野が違う商品開発にしても、和菓子屋が洋菓子を作ったのでは、よほど文化を変えるような商品でないと、元々いる洋菓子屋の実績と経験と努力に後れをとってしまいます。

つまり分野を変えると言っても、そんなに簡単なことではないのです。なぜなら、どの分野でも、素晴らしい先陣たちが常に血まみれの努力を重ねているからです。その部分に触らずに、しかも文化を変えるような商品を発掘しなければ意味がありません。

次の手を諦めるな、「燃える決意」でやり抜け

私たちはコア技術として、プリント基板に関するハードとソフトを持ち、コアコンピタンスとしてロボット技術の活用をメインに活動しています。しかしロボット技術においても多くの先人がいます。

そこで先人の得意分野に触らないように、ニッチ分野、考えようによっては斜陽傾向とも考えられる制御盤の自動配線という、面倒で他の企業が手を出しにくい分野を選びました。

それにしても、目標を決めて実行するのは自分です。その目標に「**燃える決意で、愛情深く**」

対処できなければ、単に絵に描いた餅になる可能性が大きいのです。

ここまで、いくつかの例を挙げて説明してきましたが、**なぜ「起業そして成長」できないの**かをひとことで言うと、「継続すべき努力ができない」「次の打つべき手を諦めてしまう」からで、**なぜ諦めるのかと言えば、それは「燃える決意」が欠けているから**です。

よくある話として、計画は立派ですが結果がダメというケースがあります。対策を聞くと「言い訳がまず出てきて、以後はこんなことが発生しないように、しっかりやりますと締めくくられます。

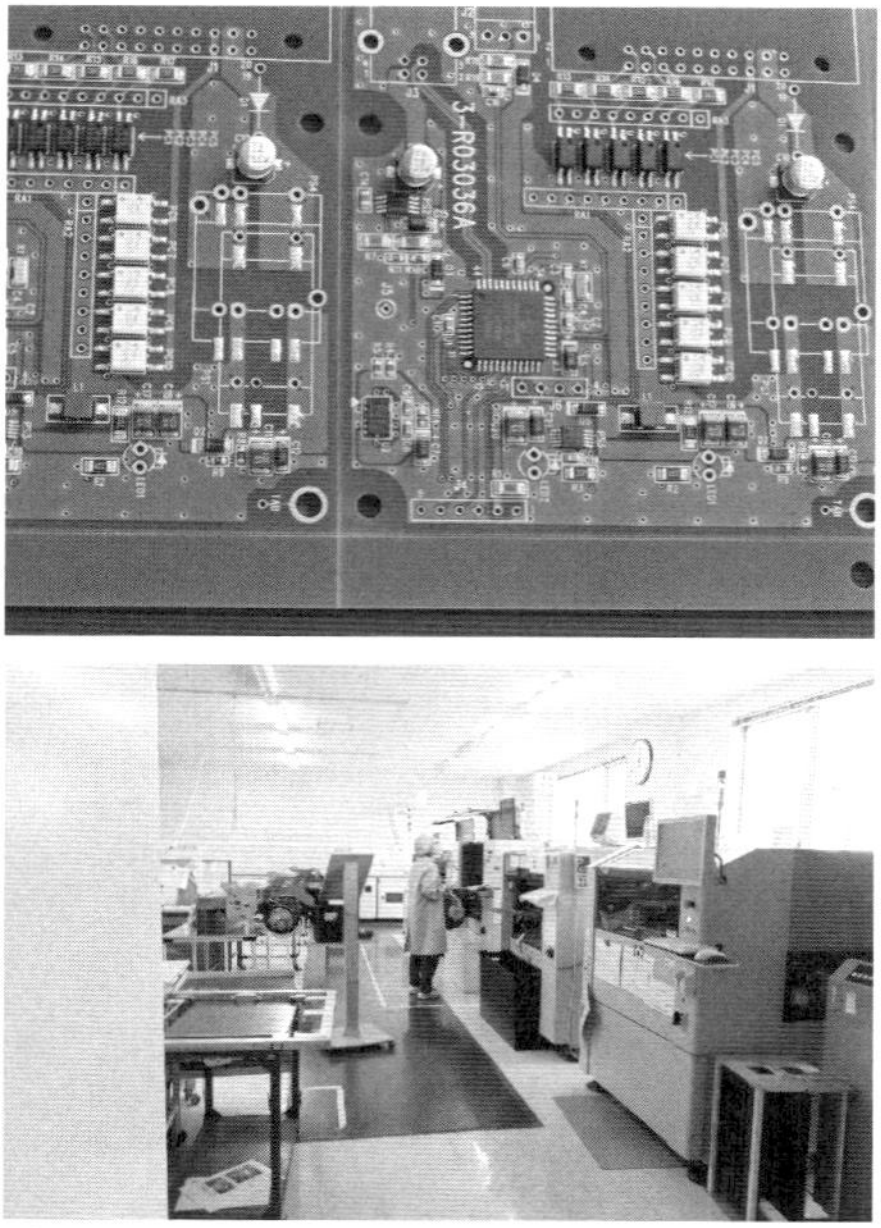

プリント基板と実装ライン

計画を遂行するためには、日々、月々、年々の緻密な行動の積み重ねが必要です。その行動の集大成が計画達成へとつながります。もちろん残念ながら目標は未達成となるパターンも多々発生します。

なぜ未達成かを分析するとき、真の原因を間違えるパターンが非常に多いのです。日々実行すべきことをやらずして、締め日に結果を問うたのでは、未達成になるのは当たり前です。

しかし、この日々実行すべきことへの対策がなかなか出てこない。「本質的に的確に行動してこそいい結果が現れる」ことを十分知りながらも、極端に言えば、練習もしないでぶっつけ本番で試合に挑むアスリートと同じになっているのではないでしょうか。

本当に次の打つ手がないということは珍しいと思います。たいていは次の手も決めずにズルズルと時間を費やし、手遅れになる場合が非常に多い。不幸にして問題が発生したとしても、問題が小さい間に真剣に向きあい、企業がまだ元気なうちに落ち度のない確実な対策を講じ、着実に実行する。これができれば、「起業そして成長の秘」が理解できたことと思います。

Chapter

07 文化直結企業になれ

下駄屋さんの話

人間が生きるためのツールの一つが文化です。そして文化は生き物です。時代が変われば文化も少しずつ変化していく、ということは一般的に理解できます。しかし、長い時間の変化はひとことでは語れません。

私たちが子どものころ、よく使用した物の一つに下駄があります。もちろん、今は靴が主流ですね。**下駄屋さんから靴屋さんへと文化をつないだ履き物屋さんは、素晴らしい経営者であった**と推測するとともに、変化に対して素晴らしい対応をされたと思います。

この対応も、実はデジタル的に、突然「0」から「1」に変わるわけではなく、長い年月のうちにだんだんと近づいていくという感覚なのです。

私自身も、この波の真ん中で生きてきました。1965（昭和40）年、私が世の中にデビューした年、コンピュータという文化が、人間生活をどのように変えていくのか明確ではありませんでした。私は工学部機械工学科卒でしたが、結果的には電子会計機からコンピュータへと進路を変えていく企業に就職しました。

世の中のコンピュータの波は、アメリカ・シリコンバレーから始まっていました。１９８０（昭和55）年ごろに電子業界では少し心配な時期はありましたが、アメリカの軍事産業から生まれたと言っても過言ではない「インターネット」によってそれも払拭《ふっしょく》され、今では社会文化を大きく変えてしまいました。

私は40歳ごろに、自分がコンピュータを選んだことが正解だったと感じたことがありました。文化が動き始めてから、何と20年近くかかっています。おかげで現在も、その業界の片隅で、１１０人の若者たちと未来を見つめさせていただいています。

だんだんと変わり、そして近づいていくこの間に、**世の中の動きを注視している人は、文化がいつ変わるのかを読むことができます**。しかし、視野の狭い生き方をしていると、過去の文化の素晴らしさに固執してしまい、心のどこかでいつしか過去の活況を期待してしまうため、変化の予兆を見逃してしまいます。悲しいかな判断の差は、文化が変わり切ったときにはっきりしてしまいます。

こんなことで人間社会は、良きに付け悪しきに付け、時間をかけてアナログ的に変化していきます。この変化に自分たちの企業を合わせて進む。これが生きた企業文化のあり方だと信じています。

進歩・発展しそうなロボットに着目

私たちが制御盤の自動配線ロボットに進もうとしたときは、他の用途で使用されているものでも、今のような精度の高いロボットは存在していませんでした。しかし、ロボットはもっともっと進歩・発展するというおおまかな方向は見えていたつもりです。

ロボットと言うと、すぐ難しいと思う人が多いと思います。しかし、私たちは人間に酷似した機械だけがロボットだとは思っていません。太平洋戦争後から始まる戦後復興、そして1964（昭和39）年の東京オリンピックに合わせて開通した東海道新幹線は、目玉輸送機関として大活躍したことはご承知の通りです。ロボットの命である「位置制御技術」が素晴らしい能力を国民に示してくれました。その後、昭和40年代に入り、いよいよコンピュータをはじめとする電子産業が栄え、人間社会を大変豊かにしてくれました。中でもロボットは、大変大きな夢を与えてくれました。

世の中はすべて同じだと思いますが、**新しいものがリリースされたという情報は全員に均等に行きわたるはずですが、聞く人の心構えで大きな差が出る**のです。興味を持った人がロボットを見る目と、興味を持たない人がそれを見る目では、結果が大きく異なります。ことわざでいう「猫に小判」になることだけは避けなければいけません。

アメリカ・シリコンバレーにインテューティブＳ社という企業があります。ちょうど我々と同じような仕事を同じ時期に始めています。

30年くらい前のことでした。**「3次元に映し出される画像（バーチャル）を見ながら、遠隔地にいる患者を、そこに設置してあるロボットと通信接続し遠隔手術をする」**事業を始めました。

私たちもそれに近いことを研究しようとしましたが、文化の違いが大きすぎて断念した経緯があります。現在ではインテューティブＳ社のシステムは、世界中の病院で緻密で正確な手術システムとして大活躍しています。これぞまさしくコンピュータのポテンシャルを実用化した好例ではないでしょうか。

ロボットの意味

多少ロボットのことを知ればすぐ気づくことですが、ロボットとは「正確な位置制御と正確な力制御ができる」ということが第一条件です。ただ最近は、ＡＩやＩｏＴに期待するところが大きくクローズアップされています。これは将来もっと期待できる財産です。

人間に酷似していなくても、正確に位置決めをする道具、正確な力作業をする道具として活用することを考えれば、もっと簡単に広い範囲のロボット産業に、だれでも参入できるのでな

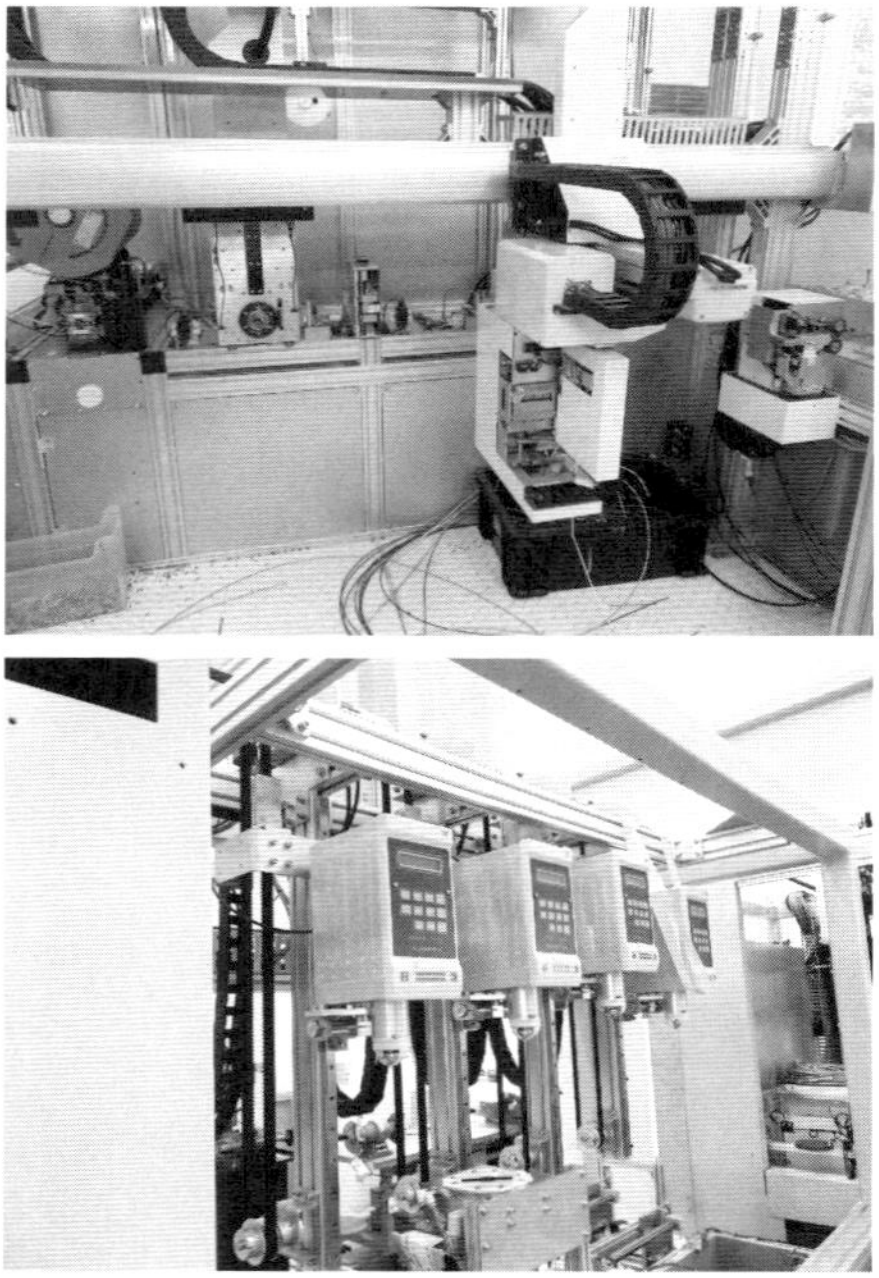
位置決めロボット

いかと思います。
　ＡＩやＩｏＴは飛躍的に進歩し、人間の想像力を少しまねるところまで進んでいます。しかし、完全な〝人間類似品〟まではもう少し時間がかかるでしょう。まあ、そこまで飛躍すると、一般的な起業とは少し異なる世界のことに思えます。
　しかし現在は、我々のような中小の自動化専門メーカーでも、かつてのＩＣ（集積回路）を活用するが如く、ＡＩやＩｏＴが簡単に利用できます。もっともっと成長していくのは、そんなに遠い日ではありません。それにより品質、精度レベルなどで、数桁アップの文化に育てられることも期待できます。
　このように**自分たちが進もうとする分野そのものの進歩・発展は、起業家にとっては大変なフォローの風になる**ことは確かです。今後の発展性を味方にすることは、「起業そして成長」の重要な要素の一つとなります。

得意分野で夢を追う

それにしても、今後どんな文化が進歩・発展するかをどのようにして見つけるのか。難しい問題です。

でも、答えははっきりしています。世の中の動きをよく観察していくしかないのです。それにしても世の中は広すぎるので、すべてを観察しながら生きることはできません。

そこで、中心となるのが「自分の得意分野」「好きな分野」です。好きなことや得意な分野なら、飽きずに監視し続けることができるはずです。また、「自分の得意分野」「好きな分野」なら少しは詳しく見られるはずです。

「好きこそ物の上手なれ」という言葉があるように、自分の好きなことを深く探るところから自分の進むべき分野を決めるのが、一番良いのではないでしょうか。狙うべき分野の夢は、多少変わっても仕方がありませんが、「夢を追い続ける」ことです。そして、**その夢を実現させるべく、社会情勢等に関心を持ち、マスコミや情報網を活用してトレンドをもれなく把握する。これが「起業家」の必要条件**です。そして、その夢を育て続けられることが「成長」の条件となるわけです。

文化の〝変化点〟と言えば、現在は世界情勢がめまぐるしく変化しています。

経済先進国の人々は、物質的には何一つ不自由していないと言っても過言ではありません。

ですから、自国の中で消費すべき次の新しいモノをつかむことは難しく、経済発展へとつなぎにくい。そのため、自国以外の発展途上国の開発と称して、途上国のその分野に進出する。そんな経済活動が大変目立つのです。

この変わりようも、変化への対応の一つと考えます。変化への反応を何も示さないことに比べればとても良いことです。しかし、人間社会を本来的に豊かにすることとは、本当にそんなことなのでしょうか。〝世界一貧しい大統領〟といわれたウルグアイのムヒカ元大統領と議論してみたいところです。

人間社会を豊かにするという大義名分のはずが、富の集中化のみになったのでは心苦しい。きれいごとをいうわけではありませんが、社会の目は大変厳しいので、真摯な対応こそが最も自然に世の中に受け入れられると信じています。

美辞麗句は後付けで良い

起業スクール等に参加すると、「目的は?」「戦略は?」「戦術は?」とたたみかけられた経験があるでしょう。確かに明文化できるなら素晴らしいことです。しかし、**非常に熱い思いを持ってさえいれば、なかなか明文化できない人間にも起業のチャンスがあるべきです。**

ただ、明文化していないからブレてもいいということではありません。ブレるのは起業前で処理してもらうことにして、起業の入り口を過ぎるころには、意識して上段から構えなくても、**「目標・戦略・戦術」**を考えざるを得ない時期に入ってきます。

事業の方向性は同じでも生きている企業なら、「目標・戦略・戦術」は、その時点の企業レベルに比例して太っていきます。格好つけた美辞・名文に落とし込むことも大切ですが、確実に実行できる「燃える決意」がこもってさえいれば、起業の入り口は通過できますし、その後に指導してくれる人はたくさんいます。じっくり考えても決して遅くはありません。

いま私たちは、「目標・戦略・戦術」を二刀流（二当流）で構えて考えています。つまり、特定のお客様とお取引している部門で大事にしていることは、**「当社にいまあるものを再確認し、最大限に活用する実行力」**。そして、当社

【ロゴマークについて】

LION POWER

基本構成 LとP の組み合わせは、強さ、豊かな流れ、発展性、将来性 を
又、青色は 清廉さ、深さ、透明さ、鋭さ、を表現しています。
(*Designed by Tamiha in Losangelse USA Jun 2005*)

社名　ライオンパワー株式会社 は強さの強調です。

社是　当社は 真に社会に 必要とされる 技術に生き
社員と共に 繁栄 するものであります。

キャッチコピー　Creation & Technology

企業コンセプト
独創的最新技術と設備、先端性、優秀性 で安定経営を目指します。

経営理念　信頼される 開発技術」
信頼される 製造技術」
信頼される 管理技術」で成長発展を目指します。

ライオンパワー株式会社
30-Sep-2006

ライオンパワーのキャッチコピー
「クリエーション アンド テクノロジー」

の商品をご愛顧いただいている不特定多数のお客様に対しては、「〝クリエーション アンド テクノロジー〟の魂を大切に育てる」ことに努力しています。

Chapter
08 商品で認知されよ

買ってもらうことの難しさ

技術屋社長は、商品開発には力量を発揮できますが営業はなかなか…という人が案外多い。昔の職人気質《かたぎ》の経営者は、「商品に自信があるので本当に欲しい人は必ず買いにくるはずだ」、こんなエピソードはいくつもあります。

しかし、今は商品の本質を重んじ、人間関係を比較的ドライに考えるようになってきています。いくら良い商品でも、職人気質だけでモノが飛ぶように売れる状況ではありません。営業マンの力量の大小で販売成績が変わることも確かですが、それ以前の問題として商品そのものの魅力が営業成績を大きく左右します。

極端な言い方をすると、放っておいても買いにくる商品、これが一番良いのですが、そんな飛び抜けて魅力ある商品は、そんなにたくさんあろうはずもありません。無論、競争相手も存在しますし、大半の商品は他社との比較の中で**少しの優位性を大きくアピールして、あらゆる**

角度から営業努力をしてマーケットに投入できれば大成功と言えるでしょう。

もちろん世間では、規制を活用し難なく一手販売する起業もないわけではありません。しかし、ここではそんな起業には触れません。

モノを買ってもらうということは難しいことです。本当に良いモノであっても、文化を変えるほどの新しい商品を買う際、人は必ず様子を見てから買います。人気が出てしまえば消費者の様子見がなくなり、ある程度の販売が予測できるようになります。こういった客の心理というのは、どんな商売でも同じだと考えます。

ある程度商品に自信があっても、この様子見の時期に失敗し埋もれてしまうケースもたくさんあります。お客様に関心を持ってもらうことはそれほど難しいことです。まさに、質とタイミングと機能が大きな要素となります。

さて、世の中に問うてみたい時期まで来てしまえば、展示会などに積極的に参加してアピールすることが最も効果的だと思います。我々は自動配線を志す起業を宣伝するため、数年間は1台も売れないことを承知の上で展示会に参加し、〝こんな分野をやっている会社があるんだ〟と世間に主張してきました。

一つの文化を変え、世間に認めてもらうまでには10年の月日がかかりました。どんなビジネスでも同じでしょう。重ねて書きますが、商品に関心を持ってもらうためには、質とタイミングと機能が大きな要素となります。

ISOで商品と経営を「守る」

いきなり「商品と経営を守る」と記しましたが、これには私の経験が大きく影響しています。普通はモノづくりのルールを整備して、ISOで製造工程の安定を図ります。その上で品質保証までと言いたいところです。しかし、スタートアップ時にそこまで進める企業は少ない。まず認証取得に力を入れ、その後は継続審査の繰り返しとなり、だんだんとマンネリの域に突入してしまうケースがほとんどでしょう。

新入社員も年々増加します。しかしISO教育は毎年毎年、認証取得時と同じようにはなかなかできません。結果的には、新人はただ言われた通りのことをする…というふうになり、概念的な理解が少なくなります。2~3年もすると先輩陣の中にも徐々に概念の理解が薄れて〝手抜き〟になります。

審査機関もふるい落とすことが目的ではありませんので、受験者も巧妙に〝**審査のためのISO**〟を続けてしまいます。これがISO認証取得後の、多くの企業の悩みではないかと推測します。

そこで私の考えるISO、「商品と経営を守る」ということについて記してみます。

ＩＳＯは製品や経営の品質向上を図るためのツールだと、上段から構えたい気持ちもわかりますが実際はなかなか難しい。そこでまず実施の域で、下限レベルをなるべく上位に留める努力をすべきです。

ＩＳＯをやれる課（部署）はどんどん進んでいきます。しかし、やれない課、できない課、そして最も悪いといわれるやらない課は、企業レベルを落とす行動がだんだん顕著になります。経営者としては、絶対信用できる下限値をなるべく上位に持っていきたい。つまり、**このレベルから上なら信頼できるという最低ラインを確認し、このラインを毎年少しずつでも上げていく**ことが、ＩＳＯの効果を確実にする早道と確信しています。

言い換えれば、良いものをもっと伸ばすということより、悪いものがどんどん滑り落ちることを阻止する方が、結果として良いのではないかと思います。

売れないときはまず自分を売れ

新しい文化を刺激しようとする製品は、未だ効果が証明されていないため、お客様もなかなか踏み込んでくれません。

このときこそ〝20歳を過ぎた己の顔は心のノミで彫った顔〟を武器として、自分を信用してもらうことから始めます。

何度も言いますが、最初から商品が売れるほど起業は簡単ではありません。消費者にとっては信頼するものが何もないわけですから。私たちの商品も、機能は十分認められたが未だ実績がないから、という理由で買ってもらえなかった例はいくつもあります。実績というものが、それほど消費者に安心感を与えるものだと認識していただきたい。

しかし、起業直後から実績といわれると大変苦しい。だが、実績を示さないと次に進みません。ですから、まず自分の人格をもって自分を売り、結果として商品を買ってもらう。**自分という存在を信じてもらうことを最初にすべき**です。そして、その商品が心を打つものであればあるほど軌道に乗れる。良い商品であれば「立ち上がり」が早いのは理解していただけると思います。

私たちは実績なしを乗り越えるため、自社製品を活用した生産ラインを持ち、モデルラインの名で一石二鳥を狙い、顧客に評価していただいています。

逆に、お客様の立場で考えれば、新しい文化を担いだ商品・製品を買うということは、今までの考え方を変えるという壁が発生します。その**壁を軽く越えられるほどのエネルギーを持つ、魅力的な商品でないと、顧客を納得させることは難しい**と自覚しておくべきです。

折しも「働き方改革」が騒がれています。どこの会社も、今までの作業方法ではいかんせん追いつかないという感覚でしょう。

こんなときこそ、高効率化と文化を大きく変える仕組みに着目すべきでしょう。我々のお客様でも弊社製品を活用しようとしたとき、実際問題として「今までやり続けてきた方法を大きく変えるリスクが心配だ」として、新しい文化になかなか入り込まなかった企業がありました。

でも今は、社会が後押ししてくれる〝最後のチャンス〟です。「働き方改革」の実現に社運を賭けて弊社自動機の導入を再検討し、最終的に採用の決断をしてくださった企業もあります。

この状況を考えても、**文化が大きく動く今こそ、自分の一番得意な分野・業種を担いで「燃える決意」で起業**しましょう。

〝経営〟とは何か

Stage

03

Chapter
09 衰退と変化

競争の原理「相手がいなくなる競争」

良い商品であっても必ず衰退する時期がやって来ます。商品が良ければ良いなりに必ず同業他社の参入が激しくなり、競争が激化し、やがては衰退するのが世の常です。具体的には、まず価格競争や品質競争が始まり、最終的には企業の総合力での競争となります。

相手が大企業の場合は、**中小企業の経営者は最後までとことん競争する前に、次の新しい製品の準備をすべきです、勝ち目のない競争は避けなければなりません。**

どんな競争が勝ち目がないか。例えば「特許を取得しているから大丈夫」などとよく聞きますが、これは大きな間違いです。

特許は公開が原則です。つまりだれでも内容を知ることができます、絶対真似のできない特許は非常にまれです。少し手を加えればクリアできる特許がいかに多いかを認識しておきましょう。だから**特許が競争の道具になるケースは非常に少ない**のです。もちろん特許は競争のためだけのものではありません。

競争の道具になるのは革新技術、つまり特許公報をもとに真似しているうちに、もっと素晴らしい商品へと進化を遂げることです。

その意味では、模倣相手が追いついてこられないように、自分たちが常に前に進み、相手を引き離す、これができれば相手がいない競争になります。選挙でもよく言われるように、**「相手が出ようがない状況」にすることが、一番上手な戦い方**ということです。

簡単に競争と言いましたが、競争できるところまで進むこともまた競争です。

つまり、シーズとして世に認めてもらうまで、あるいは起業直後から、相手は見えなくても既に競争が始まっているのが世の常です。言い換えれば、**〝相手が見えないときの競争〟の方が難しい**のです。

何か新しいことを始めると、みんなが注目します。自分も手を出してみようかな、と。ましてや少しでも実績が出ると、見える競争相手が出てきます。この時点で既に競争に勝っていないとダメということです。だから、起業する分野、業種、そして専門をいかに選択するか、勝負はこの時点で半分以上決まっているようなものです。

中小企業は「心を込め続けられる商品」を

もっとも中小企業が一番得意とする「心を込めた特徴ある製品」が、静かなヒットを続けられることは、容易に想像できるところでしょう。そして中小企業の一番の武器ではないでしょうか。

中小企業は、その家族的雰囲気からして、経営者の魂が案外うまく浸透できます。このことを非常にうまく活用し、魂を経営により深く取り込み、競争相手を寄せ付けない企業の話もたくさんあります。

「気働き」を第一に、本来のサービスを提供する文化を創り上げている石川県の温泉旅館や、「寒天パパ」で有名な伊那の食品会社の「企業と住民」のつながりなどは、目を見張るものがあります。

次に人材です。ひとことで言えば、技術革新をし続けられる従業員が必要になります。

そして資金力です。ここまでくると〝最後の戦い〟となりますが、たいていの中小企業は大企業にはかないません。置かれている状況をよく考えて、避けるべき競争は避けるしかありません。

一つの製品に見切りをつけるか、戦うか。このときの経営者は大変な決断をしなければなりません。この切り替えをうまくやらないと、次の売れ筋商品の立ち上がりが遅れ、経営に大きなダメージとなり、「そして成長」のブレーキになってしまいます。

〝企業は生き物〟といわれるのも、こんな一面が所以と判断できます。

もちろん、管理がまずい、技術がまずいといった、ごく一般的な〝負け犬〟状況もありますが、そんな単純なことで企業の継続が遮断されることは、経営の失策、つまり常日頃の経営手法に行き届かぬ点が多くありすぎた、としか考えられないと思います。

そこで問題になるのは、**平生の管理の浸透がいかに大事か**ということです。

社長指示が本当に徹底されているか

平生の管理が大切、とひとことで言っていますが、これをミスする機会は非常に多いのです。例えば、**会社の玄関に落ちているゴミをだれもが拾える躾《しつけ》が定着していますか？**「それは掃除屋さんの仕事です」「私は会社にゴミ拾いに来ているのではありません」。案外こんな考えが定着している企業があります。

本当に会社のゴミを拾っている時間が惜しい人もいるかもしれません。しかしたいていはそうではありません。ゴミがあるという異変に気が付かないか、意識がないか、あるいは変なエリート意識のせいかもしれません。しかし、スタートアップ時では、どれも認めることができない項目です。

中小企業がこんな管理状態では、おそらく社長が下した指示は、ほぼ実施されていないと思います。

よくある話として、営業計画の立案と実行があります。計画は立派だったけれど実行はできませんでした、という話は掃いて捨てるほどあります。営業計画を立てるときは必ず実行できる内容を考え、実行計画の戦略と戦術を熟慮し、仮に間違っても達成が可能なくらい吟味すべきです。しかしここで手抜きし、見栄えの良いものを作成してしまうのが現実です。そして期末には、できなかったことの理由探しをする…これがよくあるパターンです。

何がダメなのか。戦略・戦術も絵に描いた餅だからです。

本当に実行可能か？ 戦略・戦術の問題は何か？ 常日頃の実行が可能か？ これらをタイムリーに判断し、即修正し、実行を確実にする。こんな日々の管理が行き届いていなければ、〝玄関のゴミ〟を拾うことができないのです。

常日頃の管理の質により、経営への緊張を社員に伝えることができます。その緊張の続きに、「企業の変化への対応力」が存在するからです。

社格・品格・人格のバランス

そのためには、別章でも書いていますが、**社格・品格・人格のバランスが取れた経営が何よ**

りも大切です。そして、しっかりした足腰で変化に対応できる企業こそが、「そして成長」をクリアできる有望な企業です。

社格・品格・人格のバランスを取るということは、具体的にどういうことでしょうか。

私が起業してまもなく、某保険会社の営業マンが「これからは社員の福利厚生が良い企業でなければ社員が定着しません」と、退職金制度の提案書を出してきました。内容をよく検討してみると、なるほど立派な退職金制度でした。しかし、その時期の我が社の状況に本当に見合っているのか？　例えて言えば、田んぼに革靴を履いていくような内容でした。保険会社の営業方針は立派なものを売りつけるということかもしれませんが、あまりにも顧客の実体を見ていないということで断りました。

起業直後の企業は、退職金制度にまず一歩足を踏み込むこと自体が大切で、〝革靴〟を履いてもいいところまで成長したときに、全体のバランスを上げて退職金制度も立派にする、こんな成長が一番大切だと考えています。

社会の変化に対応して立派に変化した企業が大企業化した話は、日本だけでも枚挙にいとまがありません。

それではどうしたら「格」を上げられるか。

「貧すれば鈍する」ということわざがあります。貧乏は精神の働きまで鈍感にしてしまうという意味です。しかし起業当時はあまり裕福ではないことは確かです、そこで私の提案は、意識的に**「成長過程」にいるということを、しっかり自分に言い聞かせる**ことしかないと考えます。

そんな志ある人たちのモノづくりへの十分な愛情を期待し、起業の目的を全員に熱く説く、この繰り返しこそが大切な意識伝達方法だと考えます。

一方、人格は、にわかに成長させるということは難しい。だから、こう諭《さと》しています。スタートアップの起業にはオーソリティ（その道の大家、権威者）が少ないので、私たちは**「3年で何かのオーソリティになりなさい」**と言い聞かせています。

つまり、何かを極めれば、その人間には重みが感じられ、信頼感が上がる。そんなことが自己改革につながると信じています。

変化への対応

ところで、企業は常に成長し続けることが理想的ですが、なかなかそうはいきません。やはり国の経済成長率が小さいときは企業の成長率も小さい。日本にしてもほんのこの間まで、「失われた20年」と騒がれていました。それまで日本を引っ張ってきた大企業も、大きく方針を変えざるを得ない状況に追い込まれたことも少なくなかったはずです。

どんなときでも成長できる超優良企業のことはさておいて、一般的な企業はなかなか成長し続けることが難しい。現実的には、成長率の凸凹はある程度仕方のないことだと覚悟すべきです。それでは一般的な企業はいつ成長するのか。

日本も脱デフレ政策でようやく経済成長が少しずつ現れ始めています、景気が上向き始めた時期が、一般的に各企業が成長できるチャンスです。だからと言って、そのときから準備しても乗り遅れてしまうことは確実です。月並みですが、**不景気の時期に準備し、景気が上向く時期を捉えて打って出ることが、成長の波を最も効率よく活用できる**こととなります。

特に日本の製造業は、「失われた20年」の間に整理が進み、残存するには精度や品質を2桁ほど上げざるを得ませんでした。また、新規起業ができる分野もかなり狭き門でした。

世の中が少し上向き加減の今の状況こそ、大きく前向きに進むべき時代だと思います。このような時期こそ、社会の生産レベルに適合させられるような起業が歓迎されると考えています。

Chapter
10 バランス経営

適正な利益、ぼろ儲け火傷

人格はどうして形成されるのか。子どものころからの生活の中で、基本的な人格が形成されます。そして大人になり社会に出て、もみにもまれてだんだんと人格が成長するというのが一般的ではないでしょうか。もちろん持って生まれた素質も大きく影響します。

最も大切なことは、**人格形成につながる事態が発生した場合は、絶対に逃げずに適切な対応をすること**です。それが積み重なって大きな問題にも適切に対応できるようになります。

起業するときは社員数も少ないのが普通です。そんな時期に社格や品格を論ずることは時期尚早かもしれませんが、**小さい企業だからといって人格の低レベルが許されるものではありません。**少なくとも世間に通用するレベルから始まる必要があります。

さて、社格は、社員が2人や3人のときには、その規模に応じた社格と考えられます。そんなレベルから始まる企業がどんどん成長していくのですが、大切なのはこの社格・品格・人格のバランスを取りながらの成長でないといけないということです。つまりどれか一つだけが、ずば抜けて良いけれど他は標準より低い、こんな企業は低い項目を攻められて倒産したという実例はいくらでもあります。

ところで三つのバランスも、利益が出ていないと使えるのは気だけとなります。やはり企業は適切な利益が出ていないと、成長が難しいことは間違いありません。

ここで言う適切な利益とは何か。それは自分たちが成長・発展するために必要な利益のことで、余分な利益までは含みません。**儲かるからと言って決してぼろ儲けはしてはいけません。**必要以上に儲けていると、顧客には必ず見えてきます。もし顧客に見えたとしても、このくらいなら常識的だなと判断できるくらいが適切です。

たとえその仕事の内容がパテント（特許）に保護されているからといって、法外な利益を取ることは考えものです。特に、起業したばかりの企業の利益とは、成長・発展のための必要経費程度に考えることが一番火傷が少ないと確信しています。そんな利益の中からバランスの良い成長をするためのお金が使えることが大切です。

成長の中には「急成長」というパターンもあります。問題はバランスの良い急成長ができるかということですが、なかなかの実力が必要とされます。デジタル的に限度表示はできませんが、強いて言うなら自分の甲斐性というモノサシとしっかり相談し限度を設定してください。

「できもの」では困る

一番困るのはなりゆきで大きくなってしまうことです。なりゆきだと体の「できもの」と同じことになります。つまり、だんだん大きくなり、膿んできて、最後は「パチン」とつぶれます。成長・発展するには、少し膿んだところが発見されればお金と気を使って修正し、いったんバランスを取り戻し、また成長への道を歩むという大切なプロセスがあります。

成長路線の見直しというと大げさに聞こえますが、**5人の社員が10人になることと、30人が60人に増えることとは、計算上はどちらも倍ですが同じ倍ではありません。**成長路線は手抜きのない努力を必要とします。

成長過程では同じ手口はなかなか使えるものではありません。その意味では、一つ成長するたびに新しい思考が必要になることを自覚し、決して手抜きをしてはいけません。だから企業の成長とともに、自分自身も必ず成長していけるようになります。また、このような努力を継続できること自体が成長路線だと思います。

そんな努力で身につけた実力というものは、他から見ていても〝安定感〟〝重量感〟のある力量として認めることができるものです。これがその企業の実績となり、また世間に通用する実績として認められる。そして、そんな仕組みを繰り返すことができれば、この世に自然と存在していけます。だから成長し続けている企業は、実績に実績を積み重ね、大きな成長につなげることができるわけです。

Chapter 11

「成長」とは変化への対応

「心遣い」「気働き」こそ永遠の宝

製造業もサービス業も、大きく言えばお客様相手の仕事です。すべてに共通するツールは「心遣い」です。

いくら行動ができていても心が分離している人が案外多い。心と行動が分離する人の共通点は、「行動ができていれば相手は気づかないだろう」と考えることです。赤ちゃんは言葉は話せませんが、母親の行動に心が無いことを見抜くといつまでも泣きやみません。そう考えると、心と行動が分離している人を見分けることは案外簡単なことです。

起業後、一時はものすごい勢いだった企業がダメになるパターンに、この「心と行動の分離」状況がみられるケースが少なくありません。最低なのは、簡単に相手に見破られてしまうことです。特に接客業は、「心」と「行動」の分離が問題になるのはご承知の通りです。つまり、だました、だまされたというたぐいの問題の一種です。これでは「起業そして成長」から、そもそもかけ離れた自爆行為になります。

「客が客を呼ぶお店」、また「客に客を奪われるお店」という言葉があります。素晴らしい接客力のあるお店に出入りしている人は、必ず自分のまわりにいる人にそれを伝えて、そのお店は繁盛の雪だるまになります。逆に、接客力がまずいお店の客は、もう二度と行かないと決意するばかりでなく、まわりにいる人にもそのことが自然と広がって、だんだんと衰退していきます。

「心ない」接客は、たとえどんな丁寧な演出をしたとしても、「心から」の接客を待っている人と絶対に通じ合うことはありません。このような自然のルールが勝敗を決めるのです。もちろんお店側の言い分もあります。ひとことで言うなら、はじめから問題にならない客もいることでしょう。

つまり、**客は店を選び、店は客を選ぶ。良いもの同士のつながりが、「そして成長」のキーワードになります。**

商売では狙う層をはっきりさせることで、いろいろな戦略を効率よく実行できます。また、その効果も次の布石に通ずるものとなります。

一番まずいのは目先だけで何にでも飛びつくことです。これはケガのもととなります。もちろん背に腹はかえられないときは一時しのぎをしてもよいですが、必ず本来に戻すべきです。

重複しますが、日本一の旅館を何年も続けている女将さんは「気働き」という一語で、どうせするなら心を込めてしましょう、と提唱していることも有名な話です。これはお金の掛からない、しかも人格を感じさせるコミュニケーションであり、「継続成長」の原点でもあります。

人間は不幸にも過去に受けた経験で、自分の不得意な分野には時々心を無くした行動だけで対処することがあります。例えば、約束が守れない嘘をつくことが代表的です。

そんなときは素直に不得意であることを相手に知らせて、傷の小さいうちに理解してもらい、心ない行動から身を離すことが、唯一の正しい道と考えます。もちろん、心と行動を共にする努力は言うまでもなく第一に考えることです。

知らぬがための経営不振

「成長」にはいろいろあります。**中でも成長しながら初志貫徹することこそ意味があります。**

しかし世の中は常に動いています。最初に自分が企てたことがいつの世にも受け入れられるとは限りません。あるときはアゲンスト（向かい風）が吹きまくります。

しかし、真に世の中に必要な製品を提供している企業であれば、勝ち組に残存できるはずです。もし同業他社との競争に負けてしまう、あるいは本業をさておき別のことに時間や資金を流用するなどの場合は、経営手法に問題があります。そんな環境でどんなに大きく成長していたとしても、ここで言う「起業そして成長」の中に当てはめることは適当ではありません。前章で述べた三つがバランスよく成長していれば必ずチャンスはあります。問題は大企業との正面対決をどうするかです。できるだけ避けて通りたいが、どうしてもダメな場合は少し形を変えてでも仕方がない。そうしてでも避けて通りましょう。これが大企業と衝突した中小企業の取るべき対応策だと思います。

さて、ここで取り扱う「成長」とは、そんな難しい選択の話ではなく、ごく一般的に言われる、知らぬがための経営不振をどのように回避して、企業を発展させていくかを考えることです。

一番大切なことは、いかに方針展開を徹底するか、ということです。

起業者が自分の信念で方向付けしようとしても、なかなかうまくいかない場合があります。そして最後は諦める理由探しに走るというのが、たいていの場合だと思います。

方針展開が最も大切になるのは、世の中が変わろうとしているときです。その変化に合わせて方針が示されなければ、時すでに遅しとなります。しかし、世の中が変わろうとしている時点そのものが判断できない、という人もいるでしょう。そんな「時流オンチ」にならないことがまず肝要です。

問題意識を持って情報収集する

時流オンチにならないためには、情報収集をきっちりしましょう。では、どうやってするのか。

私の知り合いで経済研究所に勤務していた人がいます。彼曰く、「**新聞だけでも十分情報は取れる。しかし、問題意識を常に持って情報に接してこそ生きてくる。ただ見ているだけでは何にもならぬ**」。

まさにその通りです。どうやって解決しようかと常にヒントを探している状態が大切です。そんな意味では、マスコミ情報も政治情報も、同じ意味を持つことは十分理解できることと思います。

常にヒントを頭に受け入れられる余裕を意識的に確保することも大切です。頭の中が常に満タンでは、受け入れる気持ちもなくなります。

人間の気持ちとは、自分の意志でつくり出すものです。ですから、一枚の新聞折り込みを見ても、自分の気持ちの持ち方次第で何の役にも立たぬこともありますが、このチラシを出した人はどんな苦労をして販売に力を入れているのかを想像してみたり、印刷のレベルを推測し自社のカタログの参考にしてみたりなど、自分の問題意識によってプラスにもなります。それが情報を収集する本来の姿勢だと思います。

このように情報を収集する側の頭の中が整理されていると、例えば新聞の見出しだけを読めば、記事の内容がおおよそ推測できるようになります。そうすれば、本文は俗にいう斜め読みでも十分内容を把握することができます。

これがろくろく本を読むこともしなかった「頭脳鈍晰」な私が、情報収集の手段として自然に身に付けた方法です。本や新聞を読む時間もないほど忙しくしている経営者には、ぜひおすすめしたいと思います。

「燃える決意」を「自分流の哲学」に

さて今はひょっとすると、長い間人間生活を豊かにしてきた現在の文化・文明の行き詰まりとも思える状況が多々見られます。次にどんな文明がくるのかは全く未知ですが。

ただ私たちは、次の心配をする前にまだやることがあります。

それは、大企業が手を付けなかったというより、大企業では費用対効果の問題でとても手が出なかったと言った方がいいニッチな分野で、**現代社会の谷間になっている文化を、中小企業が身の丈に合わせて問題を整理し発展させるという大仕事が残っています。**

大企業が消費数量の少ないことが理由で残してしまった谷間のイノベーションを、中小企業が手がけるには大きな課題があります。それは、大企業が豊富な資金力と人材で簡単に対応できる開発力と、同等レベルの技術力を駆使し、かつ中小企業レベルの経費の小ささを継続する必要があります。これをやり通さなければ、中小企業としての安定した優位性を保つことは難しいのです。

そんな力があれば苦労しません、という声が聞こえてくるようですが、そうではありません。経営者としてそれをやり抜く方法と不断の努力、そして「燃える決意」を持ち続けていれば、必ず「起業そして成長」という輝かしい結果が待っています。**中小企業のレベルで高い技術を駆使し、谷間文化を埋め尽くしてしまえば、人類は次の文化を運び込む以外に成す術がなくなるでしょう。**

起業して成長し続ける企業には、必ず深い想いが継続しています。企業も生き物です。深い愛情を「燃える決意」で育て続けることを忘れてはいけません。自分の「燃える決意」を「自分流の哲学」として注ぎ続けることが、最も肝要なのではないでしょうか。

そして、それこそが「**自分を形にして残す**」ということではないでしょうか。

おわりに

起業は、間違いなく行動できれば必ず成功します。

決して特別なことではなく、家を建てたり、演劇をしたり、アスリートが成功に近づいたり、お医者さんが患者さんを治したりという行動と同じく、どれだけ間違いなく手抜きなく、そして「燃える決意」で向き合えるか、ということが大事なのです。

人間は必ず社会に貢献して生きる存在、ということを大前提にすれば、「どうせするなら、心を込めて、真剣に、燃える決意で」起業に参加したいものです。

最近は「根性」という言葉は敬遠されがちですが、せめて自分の選んだ好きなことだけでもきっちり方向を定めて取り組みたいものです。そうすれば、現代版「ど根性」となり、「自分を形にして残す」ことが素晴らしいレベルで実現できると信じてやみません。

最後に、本書に興味を持っていただいたことに深謝申し上げます。

２０１９年６月吉日

高瀬　政明

［著者略歴］

高瀬政明（たかせ・まさあき）

1941（昭和16）年、石川県羽咋郡上熊野村（現志賀町）生まれ。名城大学第一理学部機械工学科を卒業後、65年高千穂交易株式会社（現日本ユニシス株式会社）に入社。技術部、沼津出張所勤務を経て71年に退社。72年自動化設計を設立（翌年閉鎖）し、翌73年ライオンパワー株式会社を設立、代表取締役に就任。現在は取締役相談役。

ゼロ出発《しゅっぱつ》、燃《も》える決意《けつい》

起業《きぎょう》そして成長《せいちょう》の秘《ひ》

2019年10月1日　第1刷発行

著　者　高瀬政明

発行所　ライオンパワー株式会社

〒923-0972

石川県小松市月津町ツ5番地

TEL　0761-44-5411（代）

制作・発売　能登印刷出版部

〒920-0855

石川県金沢市武蔵町7番10号

TEL　076-222-4595

FAX　076-233-2559

URL　https://www.notoinsatu.co.jp/

印刷・製本　能登印刷株式会社

ISBN978-4-89010-755-1 C0034